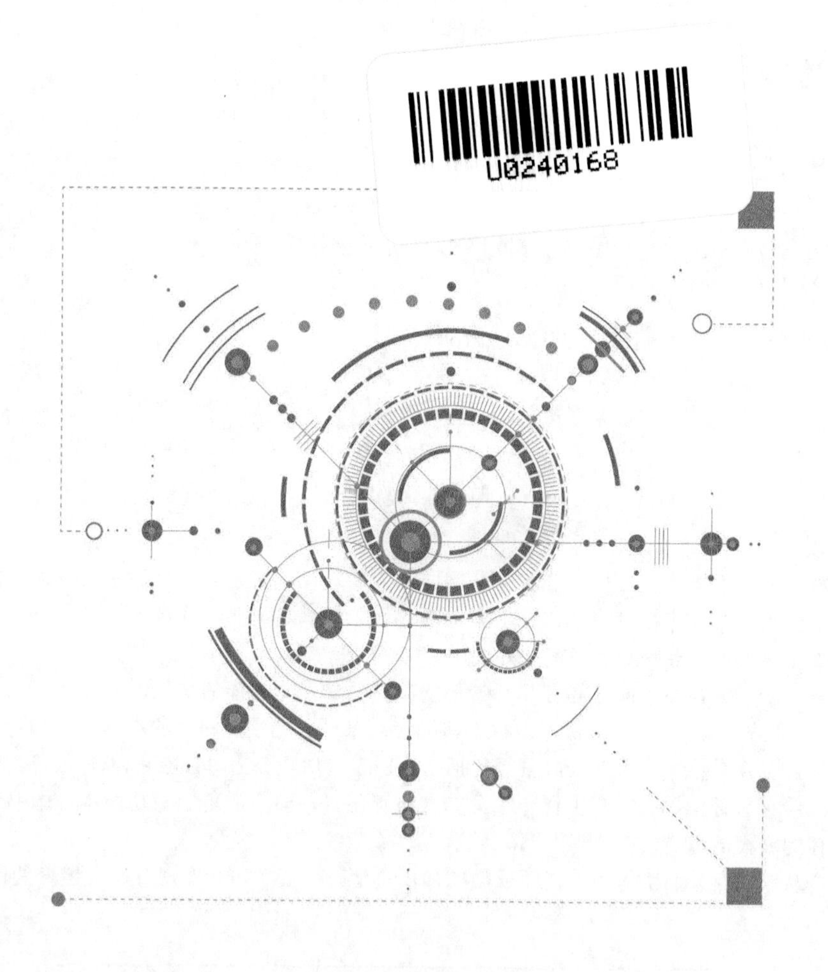

# 分布式缓存

## ——原理、架构及Go语言实现

胡世杰 著

人民邮电出版社
北京

**图书在版编目（CIP）数据**

分布式缓存 ：原理、架构及Go语言实现 / 胡世杰著
. -- 北京 ：人民邮电出版社，2019.1(2021.9重印)
ISBN 978-7-115-49138-1

Ⅰ. ①分… Ⅱ. ①胡… Ⅲ. ①互联网络－网络服务器
Ⅳ. ①TP368.5

中国版本图书馆CIP数据核字(2018)第186771号

## 内 容 提 要

随着互联网的飞速发展，各行各业对互联网服务的要求也越来越高，互联网系统很多常见的存储类场景都面临着容量和稳定性风险。此时，本地缓存已无法满足需要，分布式缓存由于其高性能、高可用性等优点迅速被广大互联网公司接受并使用。

本书共有 3 个部分，每个部分都有 3 章。第 1 部分介绍基本功能的实现，主要介绍基于 HTTP 的 in memory 缓存服务、HTTP/REST 协议、TCP 等。第 2 部分介绍性能相关的内容，我们将集中全力讲解从各方面提升缓存服务性能的方法，主要包括 pipeline 的原理、RocksDB 批量写入等。最后一个部分则和分布式缓存服务集群有关，主要介绍分布式缓存集群、节点的再平衡功能等。本书选择用来实现分布式缓存的编程语言是当前流行的 Go 语言。

本书适合从事缓存方面工作的工程师或架构师，也适合想要学习和实现分布式缓存的读者。

◆ 著　　　　胡世杰
　责任编辑　武晓燕
　责任印制　焦志炜
◆ 人民邮电出版社出版发行　　北京市丰台区成寿寺路 11 号
　邮编　100164　　电子邮件　315@ptpress.com.cn
　网址　http://www.ptpress.com.cn
　固安县铭成印刷有限公司印刷
◆ 开本：800×1000　1/16
　印张：12
　字数：158 千字　　　　2019 年 1 月第 1 版
　印数：6 101－6 300 册　　2021 年 9 月河北第 9 次印刷

定价：49.00 元

**读者服务热线：(010)81055410　印装质量热线：(010)81055316**
**反盗版热线：(010)81055315**
**广告经营许可证：京东市监广登字20170147号**

# 作者简介

胡世杰，上海交通大学硕士，目前在七牛云任技术专家，是私有云存储服务的负责人。

他是分布式对象存储系统专家，在该领域拥有多年的架构、开发和部署经验，精通 C、C++、Perl、Python、Ruby、Go 等多种编程语言，熟悉 ElasticSearch、RabbitMQ 等各种开源软件。之前他还写过一本关于分布式对象存储的图书——《分布式对象存储——原理、架构及 Go 语言实现》。本书是他的第二部作品。

除了自己写作，他还致力于技术图书的翻译，是《JavaScript 面向对象精要》《Python 和 HDF5 大数据应用》《Python 高性能编程》等多部著作的译者。

# 序

## 写作本书的目的

随着互联网的飞速发展，各行各业对互联网服务的要求也越来越高，服务架构能撑起多大的业务数据？服务响应的速度能不能达到要求？我们的架构师每天都在思考这些问题。

对于数据库或者对象存储等服务来说，它们受限于自己先天的设计目标，往往不能具有很好的性能，响应时间通常是秒级。此时就需要高性能的缓存来为我们的服务提速了，缓存服务的响应时间通常是毫秒级，甚至小于 1ms。缓存服务需要被设置在其他服务的前端，客户端首先访问缓存，查询自己的数据，仅当客户端需要的数据不存在于缓存中时，才去访问实际的服务。从实际的服务中获取到的数据会被放在缓存中，以备下次使用。

缓存的设计目标就是尽可能地快，但它引起了其他的问题。比如目前业界使用较多的缓存服务有 Memcached 和 Redis 等，它们都是内存内缓存（in memory cache），单节点最大的容量不能超过整个系统的内存。且一旦服务器重启，对于 Memcached 来说就是内容彻底丢失；Redis 稍好一点，但也要花费不少时间从磁盘上的数据文件中重新读入内存。

本书将要实现的分布式缓存，利用了 Facebook 的 RocksDB 库，在普通的读写性能上不弱于 Redis，而且它能够突破内存容量的限制，非常快速地重启节点。

本书用来实现分布式缓存服务的编程语言是 Go 语言。

## 缓存和存储的关系

缓存和存储虽然都可以用来保存数据，但是它们的设计目标从一开始就截然不同。存储（storage）是非易失的，被存储的内容通常都会被期望永久保存，直到用户主动删除。存储对性能也有一定的要求，比如要求整个系统的吞吐量必须达到每秒多少字节等。但是在单个请求的响应时间上，存储就不会有很高的要求，因为用户也明白存储数据的重要性，愿意为了确保数据的安全支付较多的时间开销。

而缓存（cache）则被用来提升访问资源的速度。在设计的一开始，我们就明白缓存数据是允许丢失的，虽然在本书的实现中，缓存也会被保存在磁盘上，但是和存储的各种副本备份等防丢失措施相比就差得太远了，更不用说有些时候我们还会特意要求缓存有一个生存时间，将超出生存时间的缓存项目淘汰，以回收空间给新的项目。

缓存的目的就是要快速存取，所以本书会花大量的篇幅来介绍各种增强读写性能的措施，并且会将其与目前业界公认的高速缓存 Redis 进行对比。对比的指标主要包括请求的平均响应时间和每秒处理请求的数量。

## 分布式缓存集群的好处

用集群来提供服务的许多优点是单节点的服务无法相比的。

首先，单节点的扩展性不好，我们知道网络吞吐量和缓存容量会受到硬件的限制。对于单节点来说，这个上限就是主机硬件接口的数量；对于集群来说，它可以提供的硬件数量不受单块主板插槽数量的限制，只需要增加新的节点就可以了。

其次，单节点的性价比很低，一台高端设备能提供的服务往往弱于同样价格、由多台低端设备组建的集群能提供的服务。

最后，集群的容错率高于单节点的。一台服务器死机对于一个有 10 台服务器的集群来说损失了 10%的处理能力，但是对于单节点服务来说就是损失了 100%的能力。

## 本书的目标读者

如果你是互联网服务的工程师或架构师，正在寻找一个更适合你业务场景的缓存实现，本书可以给你一些启发。

如果你对缓存技术感兴趣，那么在读完本书之后你能够学到很多相关的知识。

在协议方面，本书主要涉及 HTTP/REST 和 TCP 两种协议，如果你对这些协议一无所知，那完全读懂本书可能会比较困难。

本书会介绍 Go 语言的一些基础，但更多时候则是专注于 Go 语言高阶技巧的应用。所以本书的读者需要对 Go 语言有一些基本的了解。

## 内容简介

本书共分为 3 个部分，每个部分都有 3 章。第 1 部分为基本功能的实现。

在第1章中，我们会实现一个基于HTTP的in memory缓存服务，满足缓存的Set、Get、Del等基本操作，然后介绍性能测试的工具cache-benchmark，并将其与Redis进行对比。

Go语言的HTTP服务框架虽然便利，但也会给我们的服务带来性能问题。我们会在第2章中将缓存服务改为使用HTTP/REST协议和TCP协议的混合接口，HTTP/REST协议用于各种管理功能，TCP协议则用于高速访问缓存。

我们会在第3章介绍RocksDB，并借助RocksDB来实现缓存数据的持久化，同时也让我们的缓存容量得以突破内存的限制。

本书的第2部分为性能相关，我们将通过多种方法从各方面提升缓存服务的性能。

第4章将介绍pipeline的原理，在不改变任何服务端实现的情况下，仅通过改变客户端的行为，让缓存的读写效率得到提升。

在第5章中，我们利用RocksDB批量写入的功能来提升缓存的写入性能。

在第6章中，我们会用异步操作的方式来提升缓存的读取性能。

本书的最后一个部分和分布式缓存服务集群有关。

我们会在第7章中实现分布式缓存集群，利用一致性散列来实现节点的分片，并利用gossip协议来实现节点之间的对话。

当整个集群的容量渐满时，我们需要添加新的节点，这些新的节点加入集群后会导致新旧节点之间容量的不平衡，所以我们会在第8章讲解如何实现节点的再平衡。

然而并不是所有的缓存实现都需要节点再平衡。在第9章中，我们会介绍缓存的生存时间和超时机制，实现 FIFO 的缓存淘汰策略。有了缓存淘汰策略，我们就可以不需要节点再平衡了。

## 如何下载和运行本书中的代码

本书的代码使用 Go 语言实现，Go 编译器的版本是 1.9.2，开发和运行环境是 Ubuntu 16.04。

本书中所有的 Go 语言代码都可以在 GitHub 和异步社区上找到，在 Linux 环境中可以用 git 命令下载：

```
git clone https://github.com/stuarthu/go-implement-your-cache-server.git
```

GitHub 是一个在线的软件项目管理仓库，Ubuntu 下的 Git 客户端可以用 apt-get 下载安装：

```
sudo apt-get install git
```

编译 Go 代码需要运行 Go 编译器，读者可以在 Go 语言官网下载最新的 Go 编译器。

本书代码下载完成后还需要将 GOPATH 环境变量设置为本书源码根目录。这样，Go 编译器才能知道 Go 包的搜索路径。设置完 GOPATH 之后，我们还需要用 go get 命令下载 3 个第三方 Go 包，它们会被本书代码使用：

```
go get github.com/go-redis/redis;
go get github.com/hashicorp/memberlist;
go get stathat.com/c/consistent。
```

Redis 是一个 Go 语言的 Redis 客户端，cache-benchmark 工具用到了它。cache-benchmark 是缓存服务的性能测试工具，我们会在本书的第 4 章中详细介绍它的实现。

memberlist 是一个基于 gossip 协议的集群节点通信库，可以管理集群成员以及失败检测。consistent 是一个一致性散列的 Go 实现。我们会在第 7 章中实现分布式缓存集群时用到这两个 Go 包。

## 致谢

感谢我的妻子黄静和岳父黄雪春在我写书的日子里对我的支持，让我能够没有后顾之忧地写作。感谢人民邮电出版社的武晓燕编辑在本书写作和出版过程中的大力协助。

# 资源与支持

本书由异步社区出品，社区（https://www.epubit.com/）为您提供相关资源和后续服务。

## 配套资源

本书提供如下资源：

- 本书源代码。

要获得以上配套资源，请在异步社区本书页面中点击 配套资源 ，跳转到下载界面，按提示进行操作即可。注意：为保证购书读者的权益，该操作会给出相关提示，要求输入提取码进行验证。

## 提交勘误

作者和编辑尽最大努力来确保书中内容的准确性，但难免会存在疏漏。欢迎您将发现的问题反馈给我们，帮助我们提升图书的质量。

当您发现错误时，请登录异步社区，按书名搜索，进入本书页面，点击“提交勘误”，输入勘误信息，点击“提交”按钮即可。本书的作者和编辑会对您提交的勘误进行审核，确认并接受后，您将获赠异步社区的100积分。积分可用于在异步社区兑换优惠券、样书或奖品。

详细信息　写书评　提交勘误

页码：　页内位置（行数）：　勘误印次：

字数统计

提交

## 扫码关注本书

扫描下方二维码，您将会在异步社区微信服务号中看到本书信息及相关的服务提示。

## 与我们联系

我们的联系邮箱是 contact@epubit.com.cn。

如果您对本书有任何疑问或建议，请您发邮件给我们，并请在邮件标题中注明本书书名，以便我们更高效地做出反馈。

如果您有兴趣出版图书、录制教学视频，或者参与图书翻译、技术审校等工作，可以发邮件给我们；有意出版图书的作者也可以到异步社区在线提交投稿（直接访问 www.epubit.com/selfpublish/submission 即可）。

如果您是学校、培训机构或企业，想批量购买本书或异步社区出版的其他图书，也可以发邮件给我们。

如果您在网上发现有针对异步社区出品图书的各种形式的盗版行为，包括对图书全部或部分内容的非授权传播，请您将怀疑有侵权行为的链接发邮件给我们。您的这一举动是对作者权益的保护，也是我们持续为您提供有价值的内容的动力之源。

## 关于异步社区和异步图书

**“异步社区”**是人民邮电出版社旗下 IT 专业图书社区，致力于出版精品 IT 技术图书和相关学习产品，为作译者提供优质出版服务。异步社区创办于 2015 年 8 月，提供大量精品 IT 技术图书和电子书，以及高品质技术文章和视频课程。更多详情请访问异步社区官网 https://www.epubit.com。

**“异步图书”**是由异步社区编辑团队策划出版的精品 IT 专业图书的品牌，依托于人民邮电出版社近 30 年的计算机图书出版积累和专业编辑团队，相关图书在封面上印有异步图书的 LOGO。异步图书的出版领域包括软件开发、大数据、AI、测试、前端、网络技术等。

异步社区

微信服务号

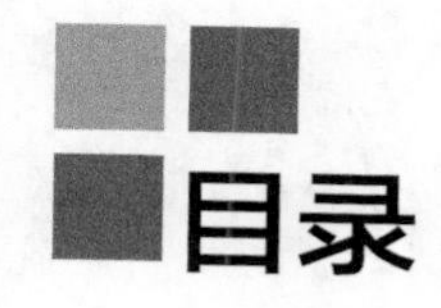

# 目录

## 第1部分 基本功能

# 第 2 部分 性能相关

# 第 3 部分 服务集群

# 第 1 部分

# 基 本 功 能

# 第 1 章

# 基于 HTTP 的内存缓存服务

当我决定要用 Go 语言编写一个缓存服务的时候，我首先想到的就是 HTTP 服务。因为用 Go 语言写基于 HTTP 的缓存服务真的是太方便了，我们只需要一个 map 来保存数据，写一个 handler 负责处理请求，然后调用 http.ListenAndServe，最后用 go run 运行。一切就是这么简单，你不需要去考虑复杂的并发问题，也不需要自己设计一套网络协议，Go 语言的 HTTP 服务框架会帮你处理好底层的一切。

我们在本章将要实现的是一个简单的内存缓存服务，所有的缓存数据都存储在服务器的内存中。一旦服务器重启，所有的数据都将被清零。一个成熟的缓存服务当然需要支持持久化，我们会在本书的第 3 章实现持久化技术。

我们会利用 HTTP/REST 协议的 GET/PUT/DELETE 等方法实现缓存的 Get/Set/Del 基本操作，具体接口见 1.1 节。在缓存服务实现完成之后，我们会接着介绍目前业界主流的缓存服务 Redis。将基于 HTTP 的内存缓存服务与 Redis 进行比较，看看我们的缓存服务在性能上与 Redis 究竟有多大的差距，并解释原因。

## 1.1 缓存服务的接口

### 1.1.1 REST 接口

本章的接口支持缓存的设置（Set）、获取（Get）和删除（Del）这 3 个基本操作，同时还支持对缓存服务状态的查询。Set 操作用于将一对键值对（key value pair）设置进缓存服务器，它通过 HTTP 的 PUT 方法进行；Get 操作用于查询某个键并获取其值，它通过 HTTP 的 GET 方法进行；Del 操作用于从缓存中删除某个键，它通过 HTTP 的 DELETE 方法进行。我们可以查询的缓存服务状态包括当前缓存了多少对键值对，所有的键一共占据了多少字节，所有的值一共占据了多少字节。

```
PUT /cache/<key>
```

请求正文

- <value>

客户端通过 HTTP 的 PUT 方法将一对键值对设置进缓存服务器，服务器将该键值对保存在内存堆上创建的 map 里。

这里/cache/<key>是一个 URL，它标识了缓存的值（value）所在的位置。URL 是 Uniform Resource Locator 的缩写，它是一个网络地址，用于引用某个网络资源在网络上的位置。HTTP 的请求正文（request body）里包含了该 key 对应的 value 的内容。

```
GET /cache/<key>
```

响应正文

- <value>

客户端通过 HTTP 的 GET 方法从缓存服务器上获取 key 对应的 value，服务器在 map 中查找该 key，如果 key 不存在，服务器返回 HTTP 错误代码 404 NOT FOUND；如果 key 存在，则服务器在 HTTP 响应正文（response body）中返回相应的 value。

```
DELETE /cache/<key>
```

客户端通过 HTTP 的 DELETE 方法将 key 从缓存中删除。无论之前该 key 是否存在，之后它都将不存在，服务器始终返回 HTTP 错误代码 200 OK。

GET /status

响应正文

- JSON 格式的缓存状态

客户端通过这个接口获取缓存服务的状态，在 HTTP 响应正文中返回的状态是以 JSON 格式编码的一个 cache.Stat 结构体（见例 1-3）。

### 1.1.2 缓存 Set 流程

我们可以用一张简单的图来概括 Set 流程，见图 1-1。

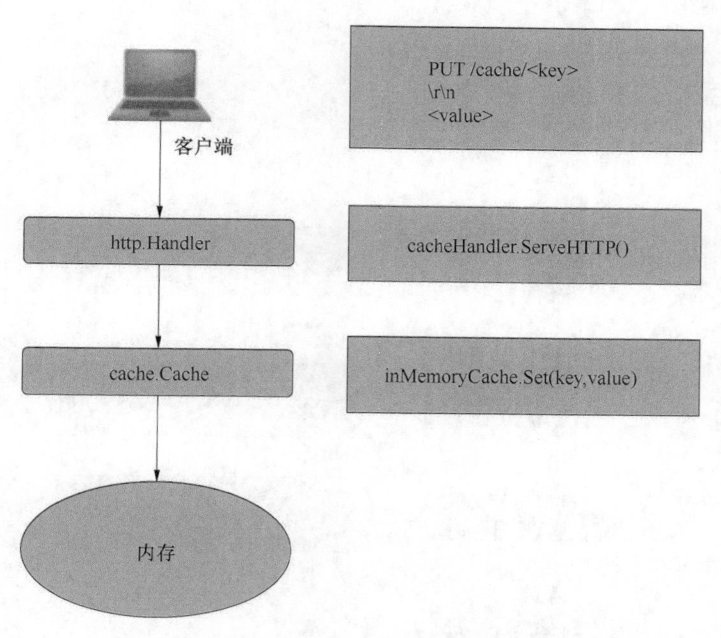


图 1-1 in memory 缓存的 Set 流程

客户端的 PUT 请求提供了 key 和 value。cacheHandler 实现了 http.Handler 接口，其 ServeHTTP 方法对 HTTP 请求进行解析，并调用 cache.Cache 接口的 Set 方法。在 cache 模块中，inMemoryCache 结构体实现 Cache 接口，其 Set 方法最终将键值对保存在内存的 map 中。cacheHandler 最后会返回客户端一个 HTTP 错误号来表示结果，如果成功则返回的是 200 OK，否则返回 500 Internal Server Error。

Go 语言中的 map 的含义和用法跟大多数现代编程语言中的 map 一样，map 是一种用于保存键值对的散列表数据结构，可以通过中括号 [ ] 进行 key 的查询和设置。由于程序会对 key 进行散列和掩码运算以直接获取存储 key 的偏移量，所以能获得近乎 $O(1)$的查询和设置复杂度。之所以说近乎 $O(1)$是因为两个 key 在经过散列和掩码运算后有可能会具有相同的偏移量，此时将不得不继续进行线性搜索，不过发生这种不幸情况的概率很小。

### 1.1.3 缓存 Get 流程

缓存 Get 流程见图 1-2。

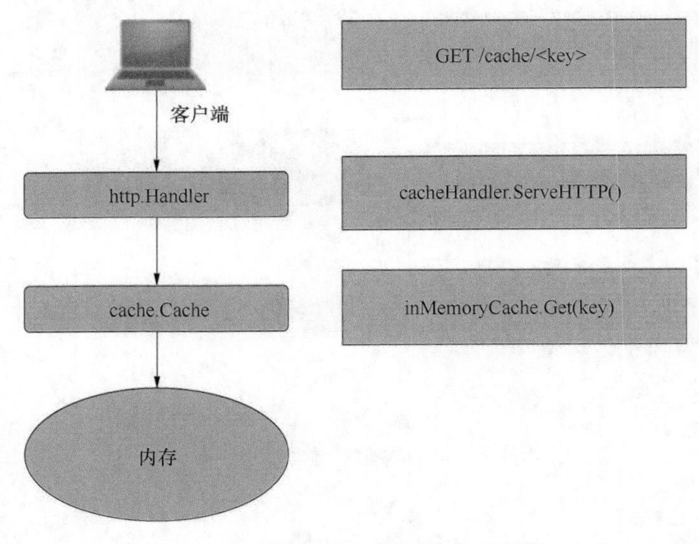


图 1-2 in memory 缓存的 Get 流程

客户端的 Get 请求提供了 key。cacheHandler 的 ServeHTTP 方法对 HTTP 请求进行解析，并调用 cache.Cache 接口的 Get 方法。inMemoryCache 结构体的 Get 方法在 map 中查询 key 对应的 value 并返回。cacheHandler 会将 value 写入 HTTP 响应正文并返回 200 OK，如果 cache.Cache.Get 方法返回错误，cacheHandler 会返回 500 Internal Server Error。如果 value 长度为 0，说明该 key 不存在，cacheHandler 会返回 404 Not Found。

### 1.1.4 缓存 Del 流程

缓存 Del 流程见图 1-3。

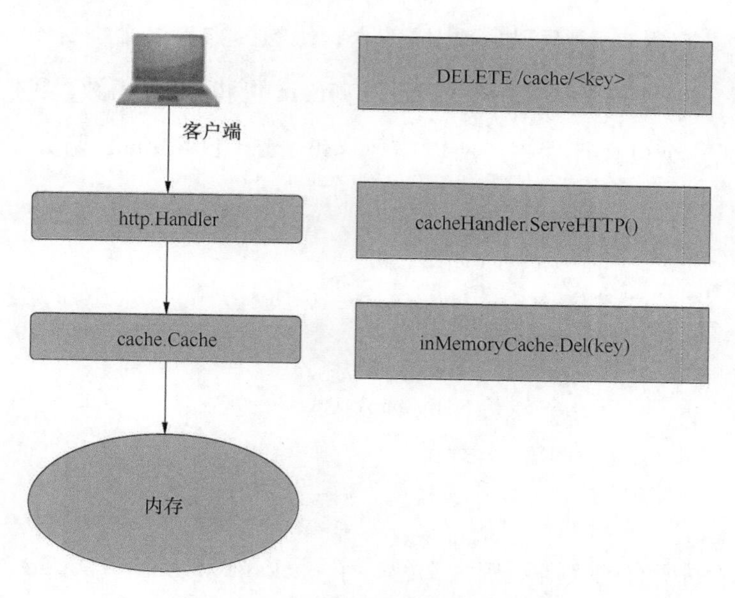


图 1-3 in memory 缓存的 Del 流程

客户端的 DELETE 请求提供了 key。cacheHandler 的 ServeHTTP 方法对 HTTP 请求进行解析，并调用 cache.Cache 接口的 Del 方法。inMemoryCache 结构体的 Del 方法在 map 中查询 key 是否存在，如果存在则调用 delete 函数删除该 key。如果 cache.Cache.Del 方法返回错误，cacheHandler 会返回 500 Internal Server Error，否则

返回 200 OK。

REST 接口和处理流程介绍完了，接下来我们来看看如何实现。

## 1.2 Go 语言实现

### 1.2.1 main 包的实现

缓存服务的 main 包只有一个函数，就是 main 函数。在 Go 语言中，如果某个项目需要被编译为可执行程序，那么它的源码需要有一个 main 包，其中需要有一个 main 函数，它用来作为可执行程序的入口函数。如果某个项目不需要被编译为可执行程序，只是实现一个库，则可以没有 main 包和 main 函数。我们的缓存服务需要被编译成一个可执行程序，所以需要提供 main 包和 main 函数。main 函数的实现见例 1-1：

**例 1-1 main 函数**

```
func main() {
        c := cache.New("inmemory")
        http.New(c).Listen()
}
```

注意，本书所有的代码示例大都忽略了 package 和 import 等 Go 语言信息，这是特意为了让读者专注于更重要的实现部分。想要了解全部 Go 语言信息的读者请参考本书源码。

我们的 main 函数非常简单，它需要做的只是调用 cache.New 函数创建一个新的 cache.Cache 接口的实例 c，然后以 c 为参数调用 http.New 函数创建一个指向 http.Server 结构体的指针并调用其 Listen 方法。

cache.New 这样的写法则是指定我们调用的 New 函数属于 cache 包。Go 语言调用同一个包内的函数不需要在函数前面带上包名，Go 编译器会默认在当前包内查找。调用另一个包中的函数则需要指定包名，让 Go 编译器知道去哪里查找这个函数。这里我们是在 main 包中调用 cache 包的 New 函数，所以需要指定包名。整个 cache 包的实现见 1.2.2 节。

### 1.2.2 cache 包的实现

我们在 cache 包中实现服务的缓存功能。在 cache 包内，我们首先声明了一个 Cache 接口，见例 1-2。

**例 1-2　Cache 接口**

```
type Cache interface {
        Set(string, []byte) error
        Get(string) ([]byte, error)
        Del(string) error
        GetStat() Stat
}
```

在 Go 语言中，接口和实现是完全分开的。接口甚至拥有它自己的类型（type interface）。开发者可以自由声明一个接口，然后以一种或多种方式去实现这个接口。在例 1-2 中，我们看到的就是一个名为 Cache 的接口声明。

在接口内，我们会声明一些方法，一个接口就是该接口内所有方法的集合。任何结构体只要实现了某个接口声明的所有方法，我们就认为该结构体实现了该接口。实现某个接口的结构体可以不止一个，这意味着同样的接口实现的方式可以有很多种，Go 语言就是用这种方式来实现多态。

我们的 Cache 接口一共声明了 4 个方法，分别是 Set、Get、Del 和 GetStat。

Set 方法用于将键值对设置进缓存，它接收两个参数，类型分别是 string 和 [ ]byte，其中 string 是 key 的类型，而[ ]byte 则是 value 的类型，byte 前面的中括号意味着它的类型是字节（byte）的切片（slice）。Go 语言中切片的内部实现可以被认为是一个指向切片第一个元素的地址和该切片的长度。切片和数组（Array）的区别在于数组的长度是固定的，而切片则是底层数组的一个视图，其长度可以动态调整。Set 方法的返回值只有一个。若返回值的类型是 error，则用于返回 Set 操作的错误，当 Set 操作成功时，返回 nil。

Get 方法根据 key 从缓存中获取 value，所以它接收一个 string 类型的参数，返回值则是两个，分别是 [ ]byte 和 error。在 Go 语言中，当函数具有多个返回值时，需要用小括号()将它们括在一起。

Del 方法从缓存中删除 key，所以它只有一个 string 类型的参数和一个 error 类型的返回值。

GetStat 方法用于获取缓存的状态，它没有参数，只有一个 Stat 类型的返回值。Stat 是一种结构体，见例 1-3。

#### 例 1-3　Stat 结构体相关实现

```
type Stat struct {
	Count      int64
	KeySize    int64
	ValueSize  int64
}

func (s *Stat) add(k string, v []byte) {
	s.Count += 1
	s.KeySize += int64(len(k))
	s.ValueSize += int64(len(v))
```

```
}

func (s *Stat) del(k string, v []byte) {
        s.Count -= 1
        s.KeySize -= int64(len(k))
        s.ValueSize -= int64(len(v))
}
```

Go 语言编程仅仅声明接口类型（type interface）是没用的，还必须实现接口。而接口的实现需要依附于某个结构体类型（type struct）。Stat 就是一个结构体，它的内部有 3 个字段，Count 用于表示缓存目前保存的键值对数量，KeySize 和 ValueSize 分别表示 key 和 value 占据的总字节数。

结构体也可以包含方法，和接口不同的地方在于结构体必须实现这些方法，而接口只需要声明。Stat 结构体实现了 add 和 del 两个方法，这两个方法分别用于新加键值对和删除键值对时改变缓存的状态。

在了解完整个 Cache 接口之后，我们就可以去看看 New 函数的实现了，见例 1-4。

#### 例 1-4　New 函数实现

```
func New(typ string) Cache {
        var c Cache
        if typ == "inmemory" {
                c = newInMemoryCache()
        }
        if c == nil {
                panic("unknown cache type " + typ)
        }
        log.Println(typ, "ready to serve")
        return c
}
```

cache 包的 New 函数用来创建并返回一个 Cache 接口，它接收一个 string 类型的参数 typ，typ 用于指定需要创建的 Cache 接口的具体结构体类型。我们在函数体的第一行声明了一个类型为 Cache 接口的变量 c，当 typ 字符串等于“inmemory”时，我们将 newInMemoryCache 函数的返回值赋值给 c。如果 c 为 nil，我们调用 panic 报错并退出整个程序，否则我们打印一条日志通知缓存开始服务并将 c 返回。

本章实现的缓存服务是一种内存缓存（in memory），实现 Cache 接口的结构体名为 inMemoryCache，见例 1-5。在第 3 章，我们还会介绍另一个实现 Cache 接口的结构体 rocksdbCache。

**例 1-5　inMemoryCache 相关代码**

```
type inMemoryCache struct {
        c     map[string][]byte
        mutex sync.RWMutex
        Stat
}

func (c *inMemoryCache) Set(k string, v []byte) error {
          c.mutex.Lock()
          defer c.mutex.Unlock()
          tmp, exist := c.c[k]
          if exist {
                    c.del(k, tmp)
          }
          c.c[k] = v
          c.add(k, v)
          return nil
}
```

```
func (c *inMemoryCache) Get(k string) ([]byte, error) {
        c.mutex.RLock()
        defer c.mutex.RUnlock()
        return c.c[k], nil
}

func (c *inMemoryCache) Del(k string) error {
        c.mutex.Lock()
        defer c.mutex.Unlock()
        v, exist := c.c[k]
        if exist {
                delete(c.c, k)
                c.del(k, v)
        }
        return nil
}

func (c *inMemoryCache) GetStat() Stat {
        return c.Stat
}

func newInMemoryCache() *inMemoryCache {
    return &inMemoryCache{make(map[string][]byte), sync.RWMutex{}, Stat{}}
}
```

inMemoryCache 结构体包含一个成员 c，类型是以 string 为 key、以 [ ]byte 为 value 的 map，用来保存键值对；一个 mutex，类型是 sync.RWMutex，用来对 map 的并发访问提供读写锁保护；一个 Stat，用来记录缓存状态。

Go 语言的 map 可以支持多个 goroutine 同时读，但不能支持多个 goroutine 同时写或同时既读又写，所以我们必须用一个读写锁保护 map 的并发读写，当多个

goroutine 同时读时，它们会调用 mutex.RLock()，互不影响。当有至少一个 goroutine 需要写时，它会调用 mutex.Lock()，此时它会等待所有其他读写锁释放，然后自己加锁，在它加锁后其他 goroutine 需要加锁则必须等待它先解锁。读写锁 mutex 的类型是 sync.RWMutex，sync 是 Go 语言自带的一个标准包，它提供了包括 Mutex、RWMutex 在内的多种互斥锁的实现。

需要特别注意的是 Stat，它的类型是 Stat 结构体，但是它没有提供成员名字。这种写法在 Go 语言中被称为内嵌（embedding）。结构体可以内嵌多个结构体和接口，接口则只能内嵌多个接口。Go 语言通过内嵌来实现继承，内嵌结构体/接口可以被认为是外层结构体/接口的父类。一个内嵌结构体/接口的所有成员/方法都可以通过外层结构体/接口直接访问，那些成员/方法的首字母不需要大写。（通常我们从一个结构体外部只能访问其首字母大写的成员/方法，访问自己的内嵌成员的成员/方法不受此限制。）当我们需要访问某个内嵌成员本身时，我们可以直接用它的类型指代它，就如同我们在 inMemoryCache.GetStat 函数中做的那样。

cache 包用来实现我们服务的缓存功能，在 1.2.3 节，我们会介绍 HTTP 包的实现。

### 1.2.3 HTTP 包的实现

HTTP 包用来实现我们的 HTTP 服务功能。由于不需要使用多态，我们在 HTTP 包里并没有声明接口，而是直接声明了一个 Server 结构体，见例 1-6。

**例 1-6 Server 相关实现**

```
type Server struct {
        cache.Cache
```

```
}

func (s *Server) Listen() {
        http.Handle("/cache/", s.cacheHandler())
        http.Handle("/status", s.statusHandler())
        http.ListenAndServe(":12345", nil)
}

func New(c cache.Cache) *Server {
        return &Server{c}
}
```

Server 结构体中内嵌了 cache.Cache，cache.Cache 就是 1.2.2 节介绍的 cache 包的 Cache 接口。HTTP 包的 Server 结构体内嵌该接口意味着 http.Server 也实现了 cache.Cache 接口，而实现的方式则由实际的内嵌结构体决定。

接下来我们看到 Server 的 Listen 方法会调用 http.Handle 函数，它会注册两个 Handler 分别用来处理/cache/和/status 这两个 HTTP 协议的端点（endpoint）。这里需要注意的是 http.Handle 函数并不属于我们的 HTTP 包，而是 Go 语言自己的 net/http 标准包。还记得吗？Server 结构体自身就处于我们的 HTTP 包里，引用自己包内的名字无需指定包名，所以当我们指定 HTTP 包名时，Go 语言编译器会知道去 net/http 包中查找名字。

Server.cacheHandler 方法返回的是一个 http.Handler 接口，它用来处理 HTTP 端点/cache/的请求，也就是缓存的 Set、Get、Del 这 3 个基本操作，见例 1-7。

**例 1-7　cacheHandler 相关实现**

```
type cacheHandler struct {
        *Server
}
```

```
func (h *cacheHandler) ServeHTTP(w http.ResponseWriter, r *http.Request) {
        key := strings.Split(r.URL.EscapedPath(), "/")[2]
        if len(key) == 0 {
                w.WriteHeader(http.StatusBadRequest)
                return
        }
        m := r.Method
        if m == http.MethodPut {
                b, _ := ioutil.ReadAll(r.Body)
                if len(b) != 0 {
                 e := h.Set(key, b)
                 if e != nil {
                     log.Println(e)
                     w.WriteHeader(http.Status InternalServerError)
                 }
                }
                return
        }
        if m == http.MethodGet {
                b, e := h.Get(key)
                if e != nil {
                        log.Println(e)
                        w.WriteHeader(http.StatusInternalServer Error)
                        return
                }
                if len(b) == 0 {
                        w.WriteHeader(http.StatusNotFound)
                        return
                }
                w.Write(b)
```

```
			return
		}
		if m == http.MethodDelete {
			e := h.Del(key)
			if e != nil {
			log.Println(e)
			w.WriteHeader(http.StatusInternal ServerError)
			}
			return
		}
		w.WriteHeader(http.StatusMethodNotAllowed)
}


func (s *Server) cacheHandler() http.Handler {
		return &cacheHandler{s}
}
```

cacheHandler 结构体内嵌了一个 Server 结构体的指针，并实现了 ServeHTTP 方法，实现该方法就意味着实现了 http.Handler 接口。例 1-8 展示了 Go 语言标准包 net/http 对 Handler 接口的定义。

#### 例 1-8　Go 标准包 net/http 中 Handler 接口的定义

```
type Handler interface {
		ServeHTTP(ResponseWriter, *Request)
}
```

cacheHandler 的 ServeHTTP 方法解析 URL 以获取 key，并根据 HTTP 请求的 3 种方式 PUT/GET/DELETE 决定调用 cache.Cache 的 Set/Get/Del 方法。这里我们看到了 Go 语言内嵌的高阶使用方式——多重内嵌：cacheHandler 内嵌了 Server 结构体指针，而 Server 内嵌了 cache.Cache 接口。于是 cacheHandler 就可以直接访问 cache.Cache 的方法了。

Server.statusHandler 方法同样返回一个 http.Handler 接口，其实现见例 1-9。

**例 1-9 statusHandler 相关实现**

```
type statusHandler struct {
        *Server
}

func (h *statusHandler) ServeHTTP(w http.ResponseWriter, r *http.Request) {
        if r.Method != http.MethodGet {
                w.WriteHeader(http.StatusMethodNotAllowed)
                return
        }
        b, e := json.Marshal(h.GetStat())
        if e != nil {
                log.Println(e)
                w.WriteHeader(http.StatusInternalServerError)
                return
        }
        w.Write(b)
}

func (s *Server) statusHandler() http.Handler {
        return &statusHandler{s}
}
```

和 cacheHandler 一样，statusHandler 内嵌 Server 结构体指针并实现 ServeHTTP 方法。该方法调用 cache.Cache 的 GetStat 方法并将返回的 cache.Stat 结构体用 JSON 格式编码成字节切片 b，写入 HTTP 的响应正文。

如果你是一位程序员，看到这里你的心里可能会有一个疑问。我们这样实现会不会太复杂了？为了处理两个 HTTP 端点的请求，我们需要实现两个 Handler 结构体并分别实现它们的 ServeHTTP 方法，能不能直接在 Server 结构体上实现 ServeHTTP 方法并根据 URL 区分不同的 HTTP 请求？

从实现上来说是可行的，但是那意味着 Server 的 ServeHTTP 需要承担两个不同的职责，处理两类 HTTP 请求。将这两类请求分开到不同的结构体内实现符合 SOLID 的单一职责原则。尤其是当我们在第 7 章又加入新的 HTTP 端点/cluster 后，职责分离的做法就显得更加简单明了。

Go 语言的实现介绍完了，接下来我们需要把程序运行起来，并进行功能测试来验证我们的实现。

## 1.3　功能演示

在使用前，我们需要用 Go 编译器编译我们的服务程序。为了让 Go 编译器找到我们的 Go 包，我们还需要先将$GOPATH 环境变量设置为本书源码根目录：

```
$ export GOPATH=`pwd`

$ cd chapter1/server

$ go build
```

编译后会在当前目录（chapter1/server/）生成一个名为 server 的可执行程序，我们可以直接运行：

```
$ ./server
```

记住本书每章代码都有对应的目录，启动缓存服务都是在对应目录中编译并运行 server 程序。后续如无特殊情况不再赘述。

使用 HTTP 服务的好处就是客户端都是现成的，在 Linux 上我们可以用 curl 命令作为我们的 HTTP 客户端来访问服务端：

```
$ curl 127.0.0.1:12345/status
{"Count":0,"KeySize":0,"ValueSize":0}
```

刚启动的缓存服务里面是空的，现在让我们设置一对键值对，键为 testkey，值为 testvalue：

```
$ curl -v 127.0.0.1:12345/cache/testkey -XPUT -dtestvalue
*   Trying 127.0.0.1...
* Connected to 127.0.0.1 (127.0.0.1) port 12345 (#0)
> PUT /cache/testkey HTTP/1.1
> Host: 127.0.0.1:12345
> User-Agent: curl/7.47.0
> Accept: */*
> Content-Length: 9
> Content-Type: application/x-www-form-urlencoded
>
* upload completely sent off: 9 out of 9 bytes
< HTTP/1.1 200 OK
< Date: Mon, 05 Mar 2018 13:32:14 GMT
< Content-Length: 0
< Content-Type: text/plain; charset=utf-8
<
* Connection #0 to host 127.0.0.1 left intact
```

获取 testkey 的值：

```
$ curl 127.0.0.1:12345/cache/testkey
testvalue
```

现在再来查看缓存状态：

```
$ curl 127.0.0.1:12345/status
{"Count":1,"KeySize":7,"ValueSize":9}
```

接下来我们删除 testkey 并再次查看状态：

```
$ curl 127.0.0.1:12345/cache/testkey -XDELETE

$ curl 127.0.0.1:12345/status
{"Count":0,"KeySize":0,"ValueSize":0}
```

缓存回到了初始的状态。

## 1.4　与 Redis 比较

缓存服务的功能已经就绪了，那么它的性能又如何呢？现在键值对缓存服务中比较流行的一款产品叫 Redis，让我们来跟它做个对比。

### 1.4.1　Redis 介绍

Redis 是一款开源（BSD 许可证）的 in memory 数据结构存储。它可以被用作数据库、缓存以及消息代理中间件。它支持包括字符串、散列、列表以及集合在内的多种数据结构，支持范围查询，具有内建的复制功能，支持 Lua 脚本、LRU 缓存淘汰策略、事务处理和两种不同的磁盘持久化方案（RDB 和 AOF），还能建立 Redis 集群来提供高可用性能。

Redis 的 RDB（Redis DataBase）持久化方案会在指定的时间点将内存的数据集快照存入磁盘。当 RDB 开始工作时，Redis 服务会将自己分叉（fork）出一个持久化进程，此时原服务进程的一切内存数据都相当于被保存了一份快照，然后持久化进程将它的内存进行压缩并写入磁盘。需要注意的是，如果这段时间并没有新的缓存 Set 操作，那么持久化的效率还是相当不错的，因为持久化进程并不需要从原服务进程复制内存，它们共享同一批虚拟内存页。但是如果在持久化过程中，原服务进程收到了缓存 Set 操作，那就意味着原服务进程中部分内存需要修改，此时操作系统内核会对涉及到的虚拟内存页进行一个写时复制（copy on write）的操作，确保持久化进程地址空间中的数据不变而服务进程中的数据则被更新。

Redis 的 AOF 方案则是将服务端接收到的所有写操作（包括 Set 和 Del）记入磁盘上的日志文件，该日志文件的格式和 Redis 协议保持一致，且只允许添加（append only format）。当服务重启时，Redis 会重放日志文件的内容来重新构建整个内存映像。

RDB 的优点在于它的数据文件中包含了一系列经过压缩的 Redis 数据时间点快照，非常适合备份和灾后恢复。RDB 方案对于性能的影响要比 AOF 小，因为它不占用原服务进程的磁盘 IO。在大数据集情况下使用 RDB 方案的 Redis 服务重启时间要快于 AOF。

RDB 的缺点在于当系统死机时丢失的数据比 AOF 多，因为 RDB 只能保留数据到上一次持久化进程运行的那个时间点，该时间点到系统死机这段时间的数据就全部丢失了。而 AOF 则可以记录到系统死机前最后一次写操作的数据。另外，RDB fork 进程的次数也会高于 AOF 的，而 fork 期间，Redis 对客户端的缓存 Set 操作的响应会非常慢。（这段时间是内核在进行写时复制，Set 操作越多则响应越慢。）

AOF 的优点就是较少的数据丢失，你可以配置各种不同的 fsync（指把缓存中的写指令纪录到磁盘中）策略：不主动进行 fsync，每秒进行一次 fsync，或者每个操作进行一次 fsync。默认是每秒进行一次 fsync，此时日志文件每秒都会被刷新到磁盘上一次，缓存的写操作依然具有不错的性能，而系统死机时最多也就丢失 1s 的数据。AOF 的日志只允许添加，所以不会有数据损坏，日志最后如果有写到一半的命令也可以被轻易丢弃。

AOF 的缺点也不少：首先是同样数据量下会比 RDB 占用更多的磁盘空间，因为 AOF 会保存从服务初始状态到最终状态的所有内容；其次 AOF 的速度要比 RDB 慢，因为它写入磁盘的频率会高于 RDB，所以受到磁盘 IO 的影响也更大，而磁盘 IO 操作的速度要远远慢于内存读写操作。

在 Linux 下安装 Redis 服务非常方便，我们只需要执行下列命令就可以：

```
$ sudo apt-get install redis-server
```

### 1.4.2 redis-benchmark 介绍

redis-benchmark 是 Redis 服务自带的性能测试工具，它可以帮助我们了解 Redis 服务的性能。安装 Redis 服务会将这个工具一并安装进我们的系统中，所以我们只需要运行它就可以：

```
$ redis-benchmark --help
Usage: redis-benchmark [-h <host>] [-p <port>] [-c <clients>] [-n<requests]>
[-k <boolean>]

    -h <hostname>      Server hostname (default 127.0.0.1)
    -p <port>          Server port (default 6379)
    -s <socket>        Server socket (overrides host and port)
    -a <password>      Password for Redis Auth
```

```
-c <clients>       Number of parallel connections (default 50)
-n <requests>      Total number of requests (default 100000)
-d <size>          Data size of SET/GET value in bytes (default 2)
-dbnum <db>        SELECT the specified db number (default 0)
-k <boolean>       1=keep alive 0=reconnect (default 1)
-r <keyspacelen>   Use random keys for SET/GET/INCR, random values for SADD
 Using this option the benchmark will expand the string __rand_int__
 inside an argument with a 12 digits number in the specified range
 from 0 to keyspacelen-1. The substitution changes every time a command
 is executed. Default tests use this to hit random keys in the
 specified range.
-P <numreq>        Pipeline <numreq> requests. Default 1 (no pipeline).
-q                 Quiet. Just show query/sec values
--csv              Output in CSV format
-l                 Loop. Run the tests forever
-t <tests>         Only run the comma separated list of tests. The test
                   names are the same as the ones produced as output.
-I                 Idle mode. Just open N idle connections and wait.
...
```

--help 参数用于打印 redis-benchmark 的使用帮助；-h 和-p 参数用于指定 Redis 服务的主机和端口；-c 参数用于指定并发运行测试的客户端数量；-n 参数用于指定测试发起的请求总数；-d 参数用于指定 value 的数据长度；-r 参数用来指定参与操作的键的取值范围；-P 参数用于指定 pipeline 长度；-t 参数用于指定测试的操作类型（Set/Get 等）。还有不少其他参数，但是和我们的对比关系不大，这里不作一一解释。

### 1.4.3 cache-benchmark 介绍

cache-benchmark 是本书为了测试自己的缓存服务，仿照 redis-benchmark 的格式，用 Go 语言编写的一个性能测试工具。要使用它，我们首先要下载一个第三方 Go 包 Redis（原因见第 4 章）：

```
go get github.com/go-redis/redis
```

然后在本书源码根目录的 cache-benchmark/子目录进行中编译，注意 cache-benchmark 不分章节，本书所有用到 cache-benchmark 的地方都是在这里运行。编译命令如下：

```
$ go build
```

编译后会在当前目录（cache-benchmark/）中生成同名的可执行程序，我们一样可以用--help 参数查看用法：

```
$ ./cache-benchmark --help
Usage of ./cache-benchmark:
  -P int
        pipeline length (default 1)
  -c int
        number of parallel connections (default 1)
  -d int
        data size of SET/GET value in bytes (default 1000)
  -h string
        cache server address (default "localhost")
  -n int
        total number of requests (default 1000)
  -r int
        keyspacelen, use random keys from 0 to keyspacelen-1
  -t string
        test set, could be get/set/mixed (default "set")
  -type string
        cache server type (default "redis")
```

可以看到，我们大部分参数的意义都和 redis-benchmark 的保持一致。关于 cache-benchmark 的详细实现我们会在第 4 章介绍，现在让我们先把关注点集中在它的使用上。

### 1.4.4 性能对比

因为测试环境的不同对结果会有很大影响，所以在性能对比之前，让我们先介绍一下本书写作时的测试环境。

作者使用的是一台 VMware 虚拟机，内存为 32GB，有 6 颗 4 核 CPU，见图 1-4。

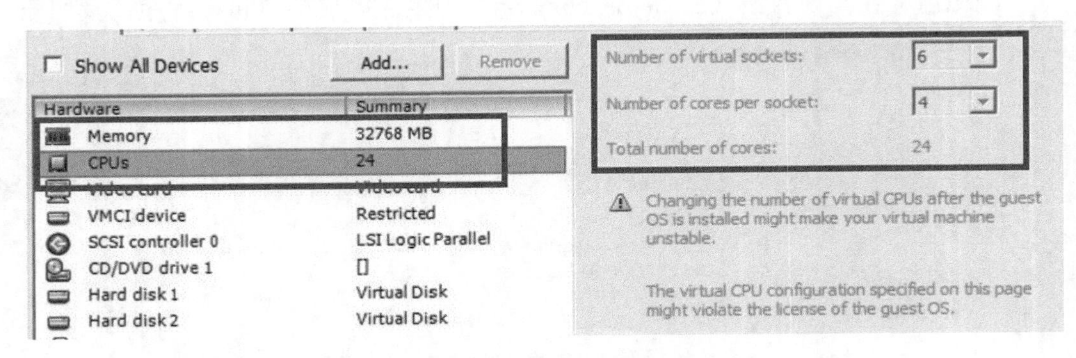


图 1-4 虚拟机配置

宿主机有两颗英特尔至强 E5-2630 v2 的 CPU，主频为 2.6 GHz，6 核心支持超线程技术，内存为 128GB，见图 1-5。

**Processors**

**General**

| | |
|---|---|
| Model | Intel(R) Xeon(R) CPU E5-2630 v2 @ 2.60GHz |
| Processor Speed | 2.6 GHz |
| Processor Sockets | 2 |
| Processor Cores per Socket | 6 |
| Logical Processors | 24 |
| Hyperthreading | Enabled |

图 1-5 宿主机配置

现在，让我们对比单客户端情况下缓存的 Set 和 Get 性能，value 的数据长度为 1000B，请求总数为 100 000。首先让我们用 cache-benchmark 来测试本章实现的缓存服务：

```
$ ./cache-benchmark -type http -n 100000 -r 100000 -t set
type is http
server is localhost
total 100000 requests
data size is 1000
we have 1 connections
operation is set
keyspacelen is 100000
pipeline length is 1
0 records get
0 records miss
100000 records set
22.010273 seconds total
99% requests < 1 ms
99% requests < 2 ms
99% requests < 3 ms
99% requests < 4 ms
99% requests < 5 ms
99% requests < 6 ms
99% requests < 8 ms
99% requests < 16 ms
99% requests < 20 ms
99% requests < 21 ms
99% requests < 23 ms
99% requests < 30 ms
99% requests < 31 ms
99% requests < 33 ms
```

```
99% requests < 265 ms
99% requests < 313 ms
99% requests < 404 ms
99% requests < 443 ms
100% requests < 544 ms
214 usec average for each request
throughput is 4.543333 MB/s
rps is 4543.332941

$ ./cache-benchmark -type http -n 100000 -r 100000 -t get
type is http
server is localhost
total 100000 requests
data size is 1000
we have 1 connections
operation is get
keyspacelen is 100000
pipeline length is 1
63159 records get
36841 records miss
0 records set
20.501566 seconds total
99% requests < 1 ms
99% requests < 2 ms
99% requests < 3 ms
99% requests < 4 ms
99% requests < 5 ms
99% requests < 6 ms
99% requests < 9 ms
99% requests < 12 ms
99% requests < 22 ms
99% requests < 37 ms
```

```
99% requests < 38 ms
99% requests < 78 ms
99% requests < 103 ms
100% requests < 658 ms
199 usec average for each request
throughput is 3.080691 MB/s
rps is 4877.676141
```

-type 参数用于指定缓存服务的类型，本章的缓存是 HTTP 服务；缓存和 cache-benchmark 都运行在本机，所以 server 是 localhost；总共 100 000 次请求；数据长度 1000B；单客户端；分别测试 Set 和 Get 操作的性能，结果显示我们的缓存服务吞吐量大约是 4MB/s，rps 不到 5000。rps 是 requests per second 的缩写，表示我们的缓存服务每秒能处理的请求数量。请求的平均响应时间是 200μs 左右，Get 和 Set 的结果差不多。接下来我们再运行 redis-benchmark 看看 Redis 的性能：

```
$ redis-benchmark -c 1 -n 100000 -d 1000 -t set,get -r 100000
====== SET ======
  100000 requests completed in 6.21 seconds
  1 parallel clients
  1000 bytes payload
  keep alive: 1

99.98% <= 1 milliseconds
100.00% <= 4 milliseconds
100.00% <= 7 milliseconds
16100.47 requests per second

====== GET ======
  100000 requests completed in 6.32 seconds
  1 parallel clients
  1000 bytes payload
```

```
 keep alive: 1

100.00% <= 1 milliseconds
100.00% <= 2 milliseconds
100.00% <= 2 milliseconds
15815.28 requests per second
```

我们看到 redis-benchmark 可以用一条命令先后运行 Set 和 Get 操作，rps 在 1.6 万左右，性能几乎是 HTTP 缓存服务的 4 倍。

## 1.5 小结

本章实现的缓存服务是完全的内存内缓存（in memory cache）。内存内缓存的优点是实现方便，缺点是缓存的容量受到系统内存的限制，且一旦服务器重启，之前所有的数据就会丢失，memcached 就是这样的。

Redis 稍好一点，它有数据持久化功能，会定期将数据保存在硬盘的数据文件上。但是 Redis 这么做也有它的代价：首先是它需要分叉（fork）一个进程来专门进行数据的转录，这种做法会导致转录数据时的缓存 Set 性能下降，因为转录进程和缓存进程原本共享同一份内存，而转录期间的缓存 Set 操作需要改变内存中的内容，这将会导致操作系统对涉及的内存进行写时复制；其次就是在服务器重启后程序会需要一定时间读取数据文件到内存里，在读取完毕前整个服务都是死机的状态，而这个时间在数据量比较大的时候会相当长（取决于文件大小和磁盘 IO 性能，大约要花几秒到几十秒不等）。我们会在第 3 章用 RocksDB 实现数据持久化，让我们的缓存服务有能力克服内存内缓存的这些缺点。

本章实现的缓存服务使用了 Go 语言的 HTTP 框架，它可以帮助开发者快速建立起自己的 HTTP 服务。不过 HTTP 框架的便利性也给我们的服务带来了性能问题，这个性能问题的主要原因在于 REST 协议的解析上。REST 基于 HTTP，而 HTTP 基于 TCP，如果我们像 Redis 那样直接在 TCP 上建立自己的协议规范，性能就会提升一大截。我们会在下一章设计并实现一个基于 TCP 的缓存协议规范。

最终，我们的缓存服务使用的是 HTTP/REST 协议和 TCP 的混合接口规范，HTTP/REST 主要用于各种管理功能。虽然它仍旧支持缓存的 Set、Get、Del 等基本操作，但是如果想要享受高性能的服务，客户端还是需要选择 TCP 的接口。

# 第2章 基于TCP的内存缓存服务

我们在第1章实现了一个基于HTTP/REST的内存内缓存服务。受惠于Go语言内建的HTTP框架，我们的服务实现起来很快。但是受限于HTTP/REST协议的解析，缓存服务运行的性能非常差，只有Redis的四分之一，而Redis使用的序列化协议规范正是基于TCP的。所以在本章，我们的目标就是要抛开Go语言自身的HTTP框架，实现一个基于TCP的缓存服务来提升我们的性能。

然而抛弃HTTP框架意味着放弃HTTP框架提供的便利性，也就是说，我们不仅要设计并实现一套自己的序列化协议规范，同时还要负责处理TCP连接和并发的请求。否则，我们的缓存服务在多客户端并发的情况下就不会拥有良好的性能。

另外，curl命令只适用于HTTP客户端，而我们需要一个能直接使用TCP的客户端。虽然Linux上有nc命令可以作为TCP客户端使用，但是鉴于我们的协议比较复杂，所以nc不适合作为我们缓存服务的客户端，我们会在本章实现一个自己的TCP客户端。

# 2.1　基于 TCP 的缓存协议规范

## 2.1.1　协议范式

对于 TCP 来说，客户端和服务端之间传输的是网络字节流，它不区分方法以及 URL、头部和正文这些格式化的文本，所以我们需要自己定义一套序列化规范来进行缓存的 3 个基本操作，协议的 ABNF 如例 2-1 所示。

例 2-1　TCP 的 ABNF 表达

```
command = op key | key-value
op = 'S' | 'G' | 'D'
key = bytes-array
bytes-array = length SP content
length = 1*DIGIT
content = *OCTET
key-value = length SP length SP content content
response = error | bytes-array
error = '-' bytes-array
```

ABNF 是扩展的巴科斯范式（augmented Backus-Naur Form），是一种基于 BNF 范式的扩展，在 RFC 5234 中定义。使用 ABNF 可以在保持精简和简单的同时保持合理的表现力，因而它被许多互联网协议作为描述范式的首选。HTTP 协议就是以 ABNF 作为协议的描述范式。

在 ABNF 中，每一行都是一条被描述的规则，规则的名字在等号左边，规则的定义则在等号右边。规则的定义可以由其他规则或操作符组合而成，比如操作符“|”代表“或”，而操作符“*”代表多个。更多 ABNF 相关定义请参见 RFC 5234。

在例 2-1 中，第 1 行就是一条 command 的规则，command 是客户端发送给服务端的命令，由一个 op 和一个 key 或 key-value 组成。注意，在 ABNF 中 op 和 key 之间有空格分开，但是实际的网络字节流是没有空格区分的。

第 2 行则是 op 的规则，op 可以为下列 3 个字符中的一个："S" 表示这是一个 SET 操作，"G" 表示这是一个 GET 操作，而 "D" 表示这是一个 DEL 操作。

第 3 行的 key 规则用来表示一个单独的键，它由一个字节数组 bytes-array 组成，而 bytes-array 规则在第 4 行，说明它由一个 length、一个 SP（空格字符）和一个 content 组成。

length 规则用来表示字节长度，它是由一个或更多 DIGIT 组成（1*记法表示可以有 1 个或更多个）。DIGIT 的规则没有在书中列出，因为它属于 ABNF 的基本规则，在 RFC5234 中已经定义过了，其他范式可以直接使用。DIGIT 的取值范围是 0～9。

content 规则用来表示字节内容，由任意个 OCTET 组成（*记法表示可以有 0 个或更多个）。OCTET 同样属于基本规则，它的取值范围是 0x00～0xFF。

key-value 规则用来表示一个键值对，它由一个 length、一个 SP，然后又是一个 length、一个 SP 以及两个 content 组成，它们分别表示 key 的字节长度、value 的字节长度、key 的字节内容和 value 的字节内容。注意 key 和 value 的字节内容之间没有任何分隔符，全靠长度区分。

response 规则用来表示服务端发送给客户端的响应，由一个 error 或者一个 bytes-array 组成。

error 由一个 "-"（负号）和一个 bytes-array 组成，表示错误。

如果不是经常跟互联网协议打交道，你可能对 RFC 或者 BNF 范式不是很了解，那么对你来说理解上面这些东西会有一些困难。别着急，我们马上用通俗易懂的图来为你解释具体的流程。

### 2.1.2　缓存 Set 流程

TCP 服务的 Set 流程见图 2-1。

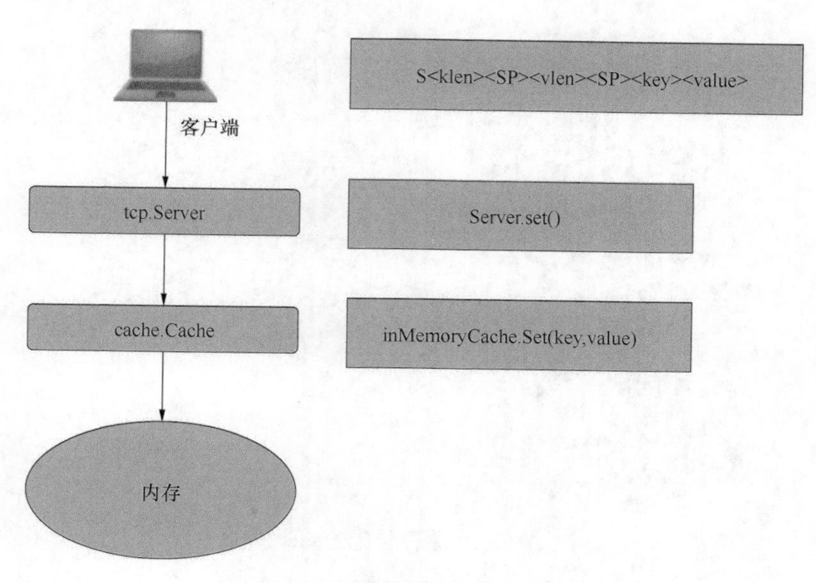


图 2-1　TCP 缓存服务的 Set 流程

客户端发送的 command 字节流以一个大写的“S”开始，后面跟了一个数字 klen 表示 key 的长度，然后是一个空格 <SP> 作为分隔符，然后是另一个数字 vlen 表示 value 的长度，然后又是一个空格，最后是 key 的内容和 value 的内容。服务端解析这个 command 并提取出 key 和 value，然后调用 inMemoryCache.Set 将键值对保存在内存的 map 中。如果 cache.Cache.Set 方法返回错误，tcp.Server 会向客户端连接写入一个 error：以负号开头，后面跟一个数字表示错误的长度，然后是一个空格作为分隔符，最后是错误的内容。如果 cache.Cache.Set 方法成功返回，则 tcp.Server 向客户端连接写入“0”。该字符串会被解读为一个长度为 0 的

bytes-array，用来表示成功。

### 2.1.3 缓存 Get 流程

缓存 Get 流程见图 2-2。

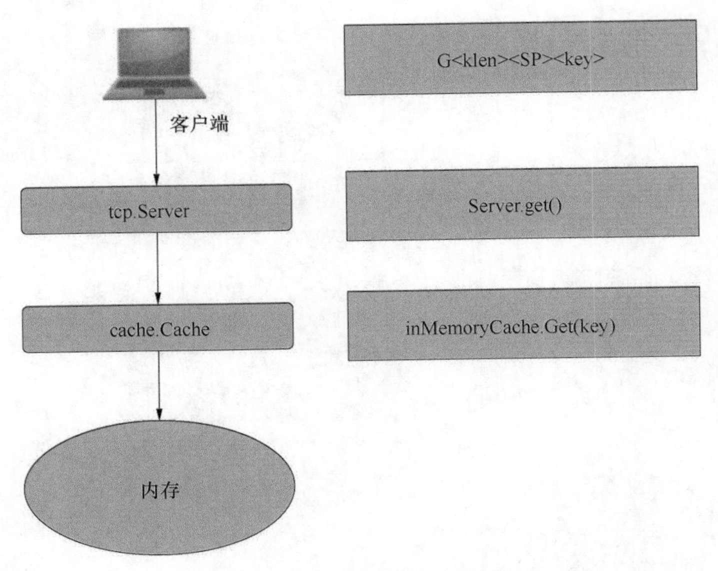


图 2-2 TCP 缓存服务的 Get 流程

客户端发送的 command 以一个大写的“G”开始，后面跟了一个数字 klen 表示 key 的长度，然后是一个空格作为分隔符，最后是 key 的内容。服务端解析这个 command 并提取出 key，然后调用 inMemoryCache.Get 方法在 map 中查询 key 对应的 value，并将其作为 byte-array 写入客户端连接。如果 cache.Cache.Get 方法返回错误，tcp.Server 会向客户端连接写入一个 error。

### 2.1.4 缓存 Del 流程

缓存 Del 流程见图 2-3。

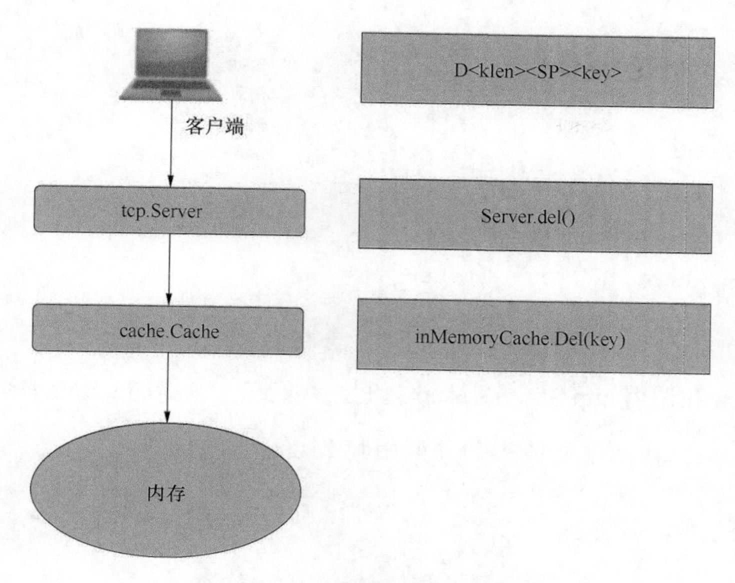


图 2-3　TCP 缓存服务的 Del 流程

客户端发送的 command 以一个大写的“D”开始，后面跟了一个数字 klen 表示 key 的长度，然后是一个空格作为分隔符，最后是 key 的内容。服务端解析这个 command 并提取出 key，然后调用 inMemoryCache.Del 方法删除该 key。如果 cache.Cache.Get 方法返回错误，tcp.Server 会向客户端连接写入一个 error。

序列化协议已经介绍完了，接下来让我们看看 TCP 服务是如何实现的。

# 2.2　Go 语言实现

## 2.2.1　main 函数的变化

和第 1 章相比，本章的 main 函数需要创建一个 TCP 服务监听的 goroutine，见例 2-2。

例 2-2　main 函数

```
func main() {
        ca := cache.New("inmemory")
        go tcp.New(ca).Listen()
        http.New(ca).Listen()
}
```

在创建 ca 和调用 http.Server.Listen 之间，我们在一个新的 goroutine 里用 tcp.New 创建了一个 tcp.Server 结构体指针并调用其 Listen 方法。

TCP 包的具体实现见 2.2.2 节。

### 2.2.2　TCP 包的实现

和 HTTP 包一样，TCP 包也有自己的 Server 结构体，负责处理 TCP 连接以及和客户端的交互，见例 2-3。

例 2-3　Server 结构体相关实现

```
type Server struct {
        cache.Cache
}

func (s *Server) Listen() {
        l, e := net.Listen("tcp", ":12346")
        if e != nil {
                panic(e)
        }
        for {
                c, e := l.Accept()
                if e != nil {
```

```
                        panic(e)
                }
                go s.process(c)
        }
}

func New(c cache.Cache) *Server {
        return &Server{c}
}
```

Server 结构体内嵌一个 cache.Cache 接口。它的 Listen 方法调用 Go 语言 net 包的 Listen 函数监听本机 TCP 的 12346 端口，并在一个无限循环中接受客户端的连接并调用 Server.process 处理这个连接。处理连接的 Server.process 方法运行在一个新的 goroutine 上，所以原来的 goroutine 可以立刻继续执行，监听新的请求。Server.process 方法的相关实现见例 2-4。

例 2-4　Server.process 方法的相关实现

```
func (s *Server) readKey(r *bufio.Reader) (string, error) {
        klen, e := readLen(r)
        if e != nil {
                return "", e
        }
        k := make([]byte, klen)
        _, e = io.ReadFull(r, k)
        if e != nil {
                return "", e
        }
        return string(k), nil
}
```

```
func (s *Server) readKeyAndValue(r *bufio.Reader) (string, []byte, error) {
	klen, e := readLen(r)
	if e != nil {
		return "", nil, e
	}
	vlen, e := readLen(r)
	if e != nil {
		return "", nil, e
	}
	k := make([]byte, klen)
	_, e = io.ReadFull(r, k)
	if e != nil {
		return "", nil, e
	}
	v := make([]byte, vlen)
	_, e = io.ReadFull(r, v)
	if e != nil {
		return "", nil, e
	}
	return string(k), v, nil
}

func readLen(r *bufio.Reader) (int, error) {
	tmp, e := r.ReadString(' ')
	if e != nil {
		return 0, e
	}
	l, e := strconv.Atoi(strings.TrimSpace(tmp))
	if e != nil {
		return 0, e
	}
	return l, nil
```

```
}

func sendResponse(value []byte, err error, conn net.Conn) error {
        if err != nil {
            errString := err.Error()
            tmp := fmt.Sprintf("-%d ", len(errString)) + errString
                _,e := conn.Write([]byte(tmp))
            return e
        }
        vlen := fmt.Sprintf("%d ", len(value))
        _, e := conn.Write(append([]byte(vlen), value...))
        return e
}

func (s *Server) get(conn net.Conn, r *bufio.Reader) error {
        k, e := s.readKey(r)
        if e != nil {
                return e
        }
        v, e := s.Get(k)
        return sendResponse(v, e, conn)
}

func (s *Server) set(conn net.Conn, r *bufio.Reader) error {
        k, v, e := s.readKeyAndValue(r)
        if e != nil {
                return e
        }
        return sendResponse(nil, s.Set(k, v), conn)
}
```

```
func (s *Server) del(conn net.Conn, r *bufio.Reader) error {
        k, e := s.readKey(r)
        if e != nil {
                return e
        }
        return sendResponse(nil, s.Del(k), conn)
}

func (s *Server) process(conn net.Conn) {
        defer conn.Close()
        r := bufio.NewReader(conn)
        for {
                op, e := r.ReadByte()
                if e != nil {
                    if e != io.EOF {
                        log.Println("close connection due to error:", e)
                        }
                        return
                }
                if op == 'S' {
                        e = s.set(conn, r)
                } else if op == 'G' {
                        e = s.get(conn, r)
                } else if op == 'D' {
                        e = s.del(conn, r)
                } else {
                        log.Println("close connection due to invalid
operation:", op)
                        return
                }
```

```
                if e != nil {
                  log.Println("close connection due to error:", e)
                  return
                }
        }
}
```

readLen 函数以空格为分隔符读取一个字符串并将之转化为一个整型。Server.readKey 以及 Server.readKeyAndValue 这两个方法用 readLen 和 io.ReadFull 函数来解析客户端发来的 command，从中获取 key 和 value。sendResponse 函数根据参数将服务端的 error 或 value 写入客户端连接。

Server 的 get、set、del 这 3 个方法用来处理不同 command 的操作，它们的实现大同小异，都是调用 Server 的 readKey 或 readKeyAndValue 方法从 command 中获取 key 或 key-value，之后再调用 cache.Cache 相应接口并将结果用 sendResponse 函数写入客户端连接。

Server.process 方法首先用 defer 延时关闭 conn。defer 是 Go 语言特有的一种语法，用于告诉编译器在代码块结束时做某事。这里就是用来在 process 方法结束时调用 conn.Close 方法关闭连接。

接下来我们在 conn 上套了一层 bufio.Reader 结构体，用来对客户端连接进行一个缓冲读取。这是很有必要的，因为来自网络的数据不稳定，在我们进行读取时，客户端的数据可能只传输了一半，我们希望可以阻塞等待，直到我们需要的数据全部就位以后一次性返回给我们。所以这里我们用 bufio.NewReader 创建了一个 bufio.Reader 结构体。它提供了一些特殊的 read 功能，如 ReadByte 和 ReadString 等方法。当我们从 bufio.Reader 中读取数据时，实际的数据读取自客户端连接 conn，如果现有数据不能满足我们的要求，bufio.Reader 会进行阻塞等待，直到数据满足要求了才返回。

我们在一个无限循环中调用 bufio.Reader.ReadByte 方法获取 command 中的 op 部分，并根据 op 决定调用 get、set、del 方法。如果发生任何错误，process 方法就会返回，此时之前声明的 defer 就会将连接关闭。在不发生错误的情况下，客户端可以复用这个连接不断发送新的 command 给服务端，并得到响应。

### 2.2.3 客户端的实现

在本章一开始我们就提到，现在需要一个自己的 TCP 客户端来测试缓存服务的基本功能，客户端代码见例 2-5。

**例 2-5 客户端的 main 函数**

```
func main() {
        server := flag.String("h", "localhost", "cache server address")
        op := flag.String("c", "get", "command, could be get/set/del")
        key := flag.String("k", "", "key")
        value := flag.String("v", "", "value")
        flag.Parse()
        client := cacheClient.New("tcp", *server)
        cmd := &cacheClient.Cmd{*op, *key, *value, nil}
        client.Run(cmd)
        if cmd.Error != nil {
                fmt.Println("error:", cmd.Error)
        } else {
                fmt.Println(cmd.Value)
        }
}
```

客户端十分简单，仅一个 main 函数，它使用 Go 语言的 flag 标准包解析命令行参数。flag 的用法是首先创建所有需要参与解析的变量，然后调用 flag.Parse 函数解析命令行，这样那些变量就会被赋予相应的值。在 client 中使用到的变量有 server、op、key 以及 value。因为它们都是字符串类型的参数，所以声明它们的函数都是 flag.String 函数，该函数的返回值是*string，也就是指向字符串的指针。flag 包为每一种基本类型（如 int、string、bool 等）都提供了相应的创建函数，具体可参考 Go 语言文档。这些创建函数都具有类似的函数签名，其第 1 个参数指定命令行相应参数的名字，第 2 个参数是变量的默认值，第 3 个参数是对该参数的一个描述性字符串，返回值是该类型的指针。

参数解析完后，我们调用 cacheClient.New 函数创建一个 cacheClient.Client 接口 client，并用结构体字面形式创建一个 cacheClient.Cmd 结构体 cmd，最后调用 client.Run 运行这个 cmd。关于 cacheClient 的实现，我们会到第 4 章中详细介绍。

## 2.3　功能演示

和上一章一样，在使用前，我们要先用 Go 编译器编译我们的服务程序。程序编译后会在当前目录（chapter2/server/）中生成一个名为 server 的可执行程序，我们可以直接运行。编译和运行服务端程序的命令不再赘述。

客户端代码在 client/目录下，编译和运行客户端的命令如下。

```
$ go build

$ ./client --help
Usage of ./client:
  -c string
```

```
        command, could be get/set/del (default "get")
  -h string
        cache server address (default "localhost")
  -k string
        key
  -v string
        value
```

注意，本书后续用到 TCP 客户端时都在此目录下运行。

现在让我们用这个客户端设置（set）一对键值对，key=testkey，value=testvalue：

```
$ ./client -c set -k testkey -v testvalue
testvalue
```

然后获取（get）testkey 的值：

```
$ ./client -c get -k testkey
testvalue
```

现在再来查看缓存状态：

```
$ curl 127.0.0.1:12345/status
{"Count":1,"KeySize":7,"ValueSize":9}
```

接下来我们删除（delete）testkey 并再次查看状态：

```
$ ./client -c del -k testkey

$ curl 127.0.0.1:12345/status
{"Count":0,"KeySize":0,"ValueSize":0}
```

缓存回到了初始的状态。

## 2.4　性能测试

TCP 缓存服务的功能已经就绪了，接下来就要看我们花了那么大力气，一边制定协议规范一边实现 TCP 服务端和客户端的回报是什么。让我们回到 cache-benchmark 目录运行这个性能测试工具。

```
$ ./cache-benchmark -type tcp -n 100000 -r 100000 -t set
type is tcp
server is localhost
total 100000 requests
data size is 1000
we have 1 connections
operation is set
keyspacelen is 100000
pipeline length is 1
0 records get
0 records miss
100000 records set
9.363983 seconds total
99% requests < 1 ms
99% requests < 2 ms
99% requests < 3 ms
99% requests < 4 ms
99% requests < 6 ms
99% requests < 10 ms
100% requests < 18 ms
88 usec average for each request
throughput is 10.679217 MB/s
rps is 10679.216577
```

```
$ ./cache-benchmark -type tcp -n 100000 -r 100000 -t get
type is tcp
server is localhost
total 100000 requests
data size is 1000
we have 1 connections
operation is get
keyspacelen is 100000
pipeline length is 1
62944 records get
37056 records miss
0 records set
8.481362 seconds total
99% requests < 1 ms
99% requests < 2 ms
100% requests < 3 ms
79 usec average for each request
throughput is 7.421449 MB/s
rps is 11790.558849
```

以下命令和上一章的运行命令基本相同，除了-type 参数从 http 改成 tcp 以外。我们可以看到很明显的性能提升：平均响应时间从 200μs 降低至 80μs，rps 从 HTTP 的 0.5 万变成现在的 1 万多，是之前的 2 倍。虽然跟 Redis 的 1.6 万相比还有一定的距离，但是这至少说明我们的方向走对了，使用基于 TCP 的缓存协议规范确实可以大大提升我们的性能。

## 2.5 小结

我们在本章制订了缓存服务基于 TCP 的序列化协议规范，并实现了 TCP 服务端和客户端。这大大提升了我们缓存服务的性能。需要承认的是，目前这个版本，我们的缓存性能距离 Redis 还有较大的差距。我们会在本书的第 2 部分，花 3 章的篇幅来进一步提升 TCP 服务的性能。不过现在，让我们先把性能问题放在一边，重点关注功能。

目前为止，我们的缓存都是 in memory 的内存缓存，这是因为这种缓存功能实现起来非常简单。但是从实用性的角度来说却很糟糕，我们的缓存总量不能超过本机的内存，且服务一旦重启，所有的缓存立即全部丢失。为了能够实现数据的持久化，我们会在下一章用 RocksDB 来实现我们的缓存功能，它不仅具备快速重启的能力，能让我们的缓存在重启后也能保留所有的键值对，而且它让缓存的容量突破了内存的限制。

# 第3章 数据持久化

到目前为止，我们的缓存都是 in memory 的，这样的实现存在两个问题，首先是缓存的容量受到内存的限制，其次是一旦服务重启，之前保存的键值对就会全部丢失。这样对于客户来说很不友好，功能上来看也不完备。现在基本上所有的缓存服务都支持数据持久化，也就是说在服务器重启后，缓存的数据不会丢失。为了能做到这一点，我们在本章会用 RocksDB 来重新实现我们的缓存服务。关于 RocksDB 的简介见 3.1 节。

## 3.1 RocksDB 简介

RocksDB 是一个完全用 C++写的库，提供字节流形式的键值对存储。它是 Facebook 基于 LevelDB 开发的，使用日志结构的数据库引擎作为底层存储。它对于在闪存上的读写进行过特别的优化，延迟极低。它同时也提供了非常灵活的配置选项，可以在各种不同的生产环境下使用，包括纯内存、闪存、普通旋转磁盘或 HDFS。

RocksDB 特性包括但不限于：

- 可以在本地闪存或内存中存储多达几个太字节的数据；
- 可以为小或中等规模键值对提供快速的存储；
- 性能可随 CPU 数量线性扩展。

RocksDB 是开源的，读者可以在 GitHub 上找到它。本书将 RocksDB 设置为本书源码的子模块，在源码根目录执行如下命令即可下载：

```
git submodule update --init
```

下载 RocksDB 源码后，还需要将其编译成静态链接库，让 Go 程序能够链接，编译命令如下：

```
cd rocksdb && make static_lib
```

编译 RocksDB 静态链接库需要用到 make 和 g++工具。另外，编译好的 RocksDB 库还需要用到 libz 和 libsnappy 这两个库。读者可以用 apt-get 命令下载它们：

```
sudo apt-get install make g++ libz-dev libsnappy-dev
```

从介绍上看，RocksDB 确实很好，特别适合作为我们缓存服务的底层存储。不过它的性能究竟如何，是否比得上我们的 in memory 版本还需要经过测试。

## 3.2　RocksDB 性能测试

在直接将 RocksDB 融入我们的缓存服务之前，让我们先对其进行性能测试。RocksDB 既然是用 C++写的，那么我们也用 C++来写一些测试程序，看看在各种条件下它的读写性能如何。我们的测试程序都放在 rocksdb_performance/目录下，用 make 命令即可完成编译。由于本书以 Go 语言为主，所以这些 C++测试程序的源码不在书中列出，有兴趣的读者可以自行阅读。

### 3.2.1 基本读写性能

我们用 test_basic 程序测试 RocksDB 的基本读写性能，所有的测试程序都支持命令行参数，我们可以用--help 命令查看。

```
$ ./test_basic --help
Allowed options:
  -h [ --help ]                 produce help message
  -t [ --total ] arg (=10000) total record number
  -s [ --size ] arg (=1000)    value size

$ ./test_basic -t 100000
total record number is 100000
value size is 1000
100000 records put in 803040 usec, 8.0304 usec average
100000 records get in 282953 usec, 2.82953 usec average
```

我们可以看到，当 value 为 1000 字节长度时，RocksDB 写入 10 万个键值对只需要花费 803ms，平均每个写入操作 8μs，读取键值对的时间更少，总共 283μs，平均不到 3μs。

但是 10 万个键值对总容量只有 100MB 左右，对于这种小规模的键值对存储来说，磁盘操作较少，对我们的性能影响微乎其微。而当键值对容量较多、磁盘操作频繁介入读写过程时，性能又会如何呢？

### 3.2.2 大容量测试

ingest_data 程序可以用来测试写入 RocksDB 操作的性能，让我们分别尝试向

RocksDB 写入 100MB、1GB、10GB 数据，并比较它们的性能差异。

```
$ ./ingest_data -t 100000 -s 1000
total record number is 100000
value size is 1000
100000 total records set in 673390 usec,6.7339 usec average, throughput
148.502 MB/s, rps is 148502

$ ./ingest_data -t 1000000 -s 1000
total record number is 1000000
value size is 1000
1000000 total records set in 7078209 usec,7.07821 usec average, throughput
141.279 MB/s, rps is 141279

$ ./ingest_data -t 10000000 -s 1000
total record number is 10000000
value size is 1000
10000000 total records set in 92017359 usec,9.20174 usec average, throughput
108.675 MB/s, rps is 108675
```

可以看到，当我们的数据总量为 100MB 时，RocksDB 表现出非常优秀的性能，写入操作的平均时间 6.7μs，吞吐量 148MB/s；数据量达到 1GB 时，平均时间 7μs，吞吐量降到 141MB/s；而当数据总量为 10GB 时，平均时间增加到了 9.2μs，吞吐量降至 108MB/s。

我们发现因为写入 RocksDB 数据总量的不同性能会展现出差异，这是为什么呢？

首先我们需要知道，向磁盘写入数据这一事件的性能会受到很多因素的影响，有虚拟机操作系统的缓冲（buffer），有宿主机的写入虚拟磁盘文件的缓存，还有磁盘本身的硬件缓存。单从应用程序的角度看，不同的写入数据量就已经会表现出不同的磁盘性能。我们可以用 dd 命令看到这一点：

```
$ dd bs=1000 count=100000 if=/dev/zero of=tmpfile
100000+0 records in
100000+0 records out
100000000 bytes (100 MB, 95 MiB) copied, 0.234934 s, 426 MB/s

$ dd bs=1000 count=1000000 if=/dev/zero of=tmpfile
1000000+0 records in
1000000+0 records out
1000000000 bytes (1.0 GB, 954 MiB) copied, 4.40547 s, 227 MB/s

$ dd bs=1000 count=10000000 if=/dev/zero of=tmpfile
10000000+0 records in
10000000+0 records out
10000000000 bytes (10 GB, 9.3 GiB) copied, 32.0743 s, 312 MB/s
```

其次，RocksDB 写入操作本身还有额外开销：RocksDB 每写入一个单位的数据，需要实际读写磁盘的数据量大于一个单位，两者的比值叫作写放大系数（write amplification，类似的还有读取数据时的读放大系数 read amplification 以及影响存储效率的空间放大系数 space amplification）。这个系数并不是一个固定的值，每一次 RocksDB 将内存表压缩进日志结构合并树（Log-structured merge-tree，LSM）时的输入输出数据都会决定本次压缩的写放大系数。当数据量较少时，期间经历的压缩次数也少，比如 100MB 时我们压缩了 0 次，那么总体的写放大系数就是 1；1GB 时我们经历了 1 次压缩，压缩比 0.7，该次压缩的写放大系数就是 1.7，总体的系数则是在 1 到 1.7 之间。

所以，要想提升 RocksDB 的写入性能，我们可以从这两个方面入手：提高磁盘写入的速度和降低 RocksDB 写放大系数。

本书使用的磁盘是虚拟磁盘，写入速度大约 300MB/s，而现在支持 NVMe 标准的 SSD 可以轻易达到 700MB/s 以上的写入速度。

本书使用了 RocksDB 默认配置，没有针对虚拟磁盘来调优 RocksDB 的性能。有兴趣的读者可以根据 RocksDB 的文档自行摸索最适合自己的配置来决定压缩发生的时间和次数，从而影响各个系数。

## 3.3　用 cgo 调用 C++库函数

RocksDB 是用 C++写的，而我们的缓存服务则是用 Go 语言写的，要让我们的缓存服务能够调用 C++的库函数，我们需要从两个方向共同努力。首先，用 C++写的库需要提供 C API，提供给那些不能直接调用 C++的外部程序使用，这一点 RocksDB 已经做到了。其次，Go 语言需要提供一种机制，能够让我们写的 Go 程序调用 C 的 API 函数，这个机制叫做 cgo。接下来，就让我们通过一个简单的例子来了解一下 cgo 的用法。

首先，让我们用 C++写一个简单的库函数 test，见例 3-1。

例 3-1　test.cpp

```
#include <iostream>

using namespace std;

extern "C" {

void test()
{
    cout << "this is a test" << endl;
```

```
    }

}
```

test.cpp 是一个用 C++写的源代码文件，里面只有一个 test 函数用来在屏幕上打印一个字符串。这个 test 函数必须被包括在 extern "C"代码块内部，以向下兼容 C 的命名编码规范（name mangling）。

之后，让我们将这个 test.cpp 用 gcc 编译成 test.o 对象文件并打包成 libtest.a 库文件：

```
$ gcc test.cpp -c

$ ar rcs libtest.a test.o
```

接下来，让我们创建一个 test.h 头文件来告诉 cgo 我们的 C 库函数的签名，见例 3-2。

**例 3-2　test.h**

```
void test();
```

最后，让我们写一个 Go 程序来调用这个 C 库，见例 3-3。

**例 3-3　test.go**

```
package main

// #include "test.h"
// #cgo LDFLAGS: libtest.a -lstdc++
import "C"

func main() {
```

```
    C.test()
}
```

cgo 会从注释记号“//”后面获取必要的 C 语言信息，这些注释需要满足特定的需求。

#include 告诉 cgo 声明 C 库函数的.h 头文件名，默认是在 Go 语言源码的当前目录寻找这些头文件，我们也可以用#cgo CFLAGS 来设置编译选项，告诉编译器去哪个目录寻找头文件。例 3-3 中我们需要包含的头文件 test.h 就在当前目录中。

#cgo LDFLAGS 可以告诉 cgo 实现 C 库函数的.a 库文件名以及该去哪个目录寻找它，也可以添加额外的链接器选项。例 3-3 中我们需要链接的库文件 libtest.a 就在当前目录，而且由于库函数用到了 C++标准库中的 std::cout 和 std::endl，所以还需要额外链接 C++标准库。

import "C"告诉 Go 编译器调用 cgo。这一行必须直接写在注释行下面，当中不能有空行，否则 cgo 就会认不出上面那些特殊的注释行，它们就会被当成普通的 Go 注释看待。同样的原因，import "C"也必须被写成单独一行，不能跟其他 import 用小括号放在一起。

在 main 函数里，我们用 C.test()的方式调用 C 库的 test 函数。这也是 cgo 的需求之一：所有涉及 C 库的函数或类型，在 Go 语言中访问都需要额外加上“C.”来表示。

接下来，我们的 Go 程序就可以编译运行了：

```
$ go run test.go
this is a test
```

go run 看上去似乎是直接运行的，其实 Go 编译器是先进行了编译，编译后的可执行程序被放在一个临时的地方，然后再执行它。

这个简单的例子作为热身，只揭示了 cgo 特性冰山的一角，用来帮助我们理解 Go 语言是如何调用 C++写的库的。我们的缓存服务调用 RocksDB 库则要比这个例子复杂许多，具体做法请看 3.4 节。

## 3.4 Go 语言实现

### 3.4.1 main 函数的实现

之前我们的缓存服务启动时都是不需要命令行参数的，因为我们只有 in memory 这一种缓存实现。本章由于多了一种选择，我们需要区分 RocksDB 和 in memory 这两种缓存实现，所以需要通过命令行参数告诉我们的程序使用哪一种，见例 3-4。

**例 3-4 main 函数**

```
func main() {
        typ := flag.String("type", "inmemory", "cache type")
        flag.Parse()
        log.Println("type is", *typ)
        c := cache.New(*typ)
        go tcp.New(c).Listen()
        http.New(c).Listen()
}
```

我们通过 flag.String 函数创建了 string 指针 typ 用来接受命令行参数-type 的值，默认是 inmemory。之后以*typ 为参数调用 cache.New 函数创建 cache.Cache 接口 c，其余部分保持不变。cache 包的改动见 3.4.2 节。

### 3.4.2　cache 包的实现

cache 包的 New 函数现在接受一个 string 类型的参数，并根据参数决定调用不同的函数以创建不同的结构体，见例 3-5。

例 3-5　New 函数

```
func New(typ string) Cache {
	var c Cache
	if typ == "inmemory" {
		c = newInMemoryCache()
	}
	if typ == "rocksdb" {
		c = newRocksdbCache()
	}
	if c == nil {
		panic("unknown cache type " + typ)
	}
	log.Println(typ, "ready to serve")
	return c
}
```

在第 1 章我们已经见过 newInmemoryCache 函数，它返回的是一个 inMemoryCache 的结构体指针。现在 newRocksdbCache 函数返回的则是一个 rocksdbCache 结构体指针，它们虽然是不同的结构体，但是都实现了 Cache 接口，所以在这里都可以用来给 c 赋值。相关实现见例 3-6。

例 3-6　newRocksdbCache 函数的相关实现

```
// #include "rocksdb/c.h"
// #cgo CFLAGS: -I${SRCDIR}/../../../rocksdb/include
```

```
// #cgo LDFLAGS: -L${SRCDIR}/../../../rocksdb -lrocksdb -lz -lpthread
-lsnappy -lstdc++ -lm -O3
    import "C"

    type rocksdbCache struct {
            db *C.rocksdb_t
            ro *C.rocksdb_readoptions_t
            wo *C.rocksdb_writeoptions_t
            e  *C.char
    }

    func newRocksdbCache() *rocksdbCache {
            options := C.rocksdb_options_create()
            C.rocksdb_options_increase_parallelism(options, C.int(runtime.
    NumCPU()))
            C.rocksdb_options_set_create_if_missing(options, 1)
            var e *C.char
            db := C.rocksdb_open(options, C.CString("/mnt/rocksdb"), &e)
            if e != nil {
                    panic(C.GoString(e))
            }
            C.rocksdb_options_destroy(options)
            return &rocksdbCache{db, C.rocksdb_readoptions_create(),
C.rocksdb_writeoptions_create(), e}
    }
```

注意，只要是有用到 C 库中的函数或类型的 Go 语言源码都必须使用 cgo，不同的 Go 语言源码使用 cgo 的方式是一样的，所以本书仅在这里列出，后续例子将忽略 cgo 注释，就像我们忽略 Go 语言中 package 和 import 等信息一样。

#include 会包含 rocksdb C API 头文件，本书用到的所有 rocksdb C API 都是在

该头文件里声明的。该头文件的位置位于 rocksdb/include/rocksdb/c.h，而 Go 源码则位于 chapter3/server/cache/，所以我们还需要用#cgo CFLAGS 指定编译选项-L，告诉编译器去哪个目录寻找头文件。

#cgo LDFLAGS 指定的链接选项比较多，-L 用来告诉链接器去哪个目录寻找库文件，-l 用来指定需要链接的库名，-O3 用来指定优化级别。

rocksdbCache 结构体包含 4 个成员变量，db 的类型是*C.rocksdb_t，也就是 C 库中 rocksdb_t 类型的指针，用来表示一个 RocksDB 存储的实例。ro、wo 分别是 RocksDB 用来进行读写操作的选项类型。e 是 C 的字符类型的指针，等同于 C 语言的 char* 类型，用来指向 RocksDB C API 返回的错误字符串。

newRocksdbCache 函数首先调用 C API 的 rocksdb_options_create 函数创建一个 rocksdb_options_t 类型的指针 options，然后用 rocksdb_options_increase_parallelism 函数在 options 中设置 RocksDB 并发线程数。需要注意的是该函数第二个参数需要的是一个 C 语言的 int 类型，而 runtime.NumCPU 函数返回的系统 CPU 数目是一个 Go 语言的 int 类型，它们是两种不同的类型，所以还需要用 C.int()来进行强制类型转换。

rocksdb_options_set_create_if_missing 函数用来告诉 RocksDB 如果目标目录不存在则创建一个新的存储目录。

rocksdb_open 函数用来打开位于/mnt/rocksdb/的存储目录，注意这里 C.Cstring 和上面的 C.int 强制类型转换不同。C.CString 用于将一个 Go 语言的 string 类型转换成 C 的 char*。这个新生成的 char* 占用了 malloc 出来的内存地址，在用完以后是需要手动 free 的。不过由于这里的调用在整个进程生命周期内只发生一次，所以我们忽略了 free。

如果该函数返回错误，e 不为 nil，则 panic 函数会将 e 的内容打印出来并退出。

C.GoString 用来将 C 的 char*转化成 Go 语言的 string 类型。Go 语言的类型有自己的垃圾收集（garbage collection，GC）规则，所以不需要我们手动 free。

最后我们用 rocksdb_options_destroy 销毁了 options 并返回一个 rocksdbCache 结构体指针。

rocksdbCache 结构体需要实现 Cache 接口，也就是说需要实现 Get、Set、Del、GetStat 这 4 个方法，让我们一一见证。Get 方法见例 3-7。

例 3-7　rocksdbCache.Get 方法

```
func (c *rocksdbCache) Get(key string) ([]byte, error) {
        k := C.CString(key)
        defer C.free(unsafe.Pointer(k))
        var length C.size_t
        v := C.rocksdb_get(c.db, c.ro, k, C.size_t(len(key)), &length, &c.e)
        if c.e != nil {
                return nil, errors.New(C.GoString(c.e))
        }
        defer C.free(unsafe.Pointer(v))
        return C.GoBytes(unsafe.Pointer(v), C.int(length)), nil
}
```

Get 方法接收的参数是 Go 语言的 string，所以需要用 C.CString 生成 C 语言的 char*类型 k。由于 k 会在整个服务进程的生命周期内被多次调用，所以我们需要在函数退出时用 free 释放 k 的内存，defer 声明可以做到这一点。

rocksdb_get 函数用于根据 key 获取 value，返回的 v 类型是 C 语言的 char*，同样需要用 GoBytes 将 v 转换成 Go 语言的[ ]byte 类型返回，且需要在函数退出时将 v 指向的内存用 free 释放。

和 Get 方法类似，Set 方法调用 rocksdb_put 将键值对写入 RocksDB，Del 方法则调用 rocksdb_delete 将 key 从 RocksDB 中删除，见例 3-8、例 3-9。

### 例 3-8　rocksdbCache.Set 方法

```
func (c *rocksdbCache) Set(key string, value []byte) error {
	k := C.CString(key)
	defer C.free(unsafe.Pointer(k))
	v := C.CBytes(value)
	defer C.free(v)
	C.rocksdb_put(c.db, c.wo, k, C.size_t(len(key)), (*C.char)(v),
C.size_t(len(value)), &c.e)
	if c.e != nil {
		return errors.New(C.GoString(c.e))
	}
	return nil
}
```

### 例 3-9　rocksdbCache.Del 方法

```
func (c *rocksdbCache) Del(key string) error {
	k := C.CString(key)
	defer C.free(unsafe.Pointer(k))
	C.rocksdb_delete(c.db, c.wo, k, C.size_t(len(key)), &c.e)
	if c.e != nil {
		return errors.New(C.GoString(c.e))
	}
	return nil
}
```

GetStat 方法稍微复杂点，见例 3-10。RocksDB 和 Go 语言的 map 不一样，它的内容在重启以后不会丢失，也就是说 Stat 不能从头开始计数。我们需要通过

RocksDB 自己提供的 API 来访问它的各种内部属性。在这里，我们需要的是 RocksDB 内部保存的键值对数量以及 key 和 value 的总大小。我们可以用 rocksdb_property_value 获取 rocksdb.aggregated-table-properties 属性，从而获取需要的属性。注意这里获得的属性来自 RocksDB 的 SST 表文件，它和真实的数据相比会有一定的滞后。RocksDB 为了效率使用了一种叫作日志直写（write ahead log，WAL）的技术，写入操作会不做处理地将数据尽可能快地写到日志里，后台另有线程慢慢处理日志内容并将其插入静态排序表里（static sorted table，SST）。所以我们在后面功能演示的时候如果看到 RocksDB 的状态跟预料的不一致是正常的，因为插入的数据还没有被整合到 SST 中。

例 3-10　rocksdbCache.GetStat 方法

```
func (c *rocksdbCache) GetStat() Stat {
        k := C.CString("rocksdb.aggregated-table-properties")
        defer C.free(unsafe.Pointer(k))
        v := C.rocksdb_property_value(c.db, k)
        defer C.free(unsafe.Pointer(v))
        p := C.GoString(v)
        r := regexp.MustCompile(`([^;]+)=([^;]+);`)
        s := Stat{}
        for _, submatches := range r.FindAllStringSubmatch(p, -1) {
                if submatches[1] == " # entries" {
                        s.Count, _ = strconv.ParseInt(submatches[2], 10, 64)
                } else if submatches[1] == " raw key size" {
                        s.KeySize, _ = strconv.ParseInt(submatches[2], 10, 64)
                } else if submatches[1] == " raw value size" {
                        s.ValueSize, _ = strconv.ParseInt(submatches
[2], 10, 64)
                }
        }
```

```
        return s
}
```

## 3.5　功能演示

本章运行服务端程序的命令如下：

```
$ ./server -type rocksdb
```

缓存的初始状态是空的：

```
$ curl 127.0.0.1:12345/status
{"Count":0,"KeySize":0,"ValueSize":0}
```

让我们同样用客户端设置一对键值对，key=testkey，value=testvalue：

```
$ ./client -c set -k testkey -v testvalue
testvalue
```

获取 testkey 的值：

```
$ ./client -c get -k testkey
testvalue
```

现在再来查看缓存状态：

```
$ curl 127.0.0.1:12345/status
{"Count":0,"KeySize":0,"ValueSize":0}
```

这是因为 SST 表还没有更新，我们可以查看/mnt/rocksdb/目录的内容：

```
$ ls -lt /mnt/rocksdb/
```

```
total 72240
-rw-r--r-- 1 stuart stuart    38 Mar  8 00:44 000003.log
-rw-rw-r-- 1 stuart stuart 14559 Mar  8 00:44 LOG
-rw-r--r-- 1 stuart stuart  4579 Mar  8 00:44 OPTIONS-000005
-rw-r--r-- 1 stuart stuart    37 Mar  8 00:44 IDENTITY
-rw-r--r-- 1 stuart stuart    16 Mar  8 00:44 CURRENT
-rw-r--r-- 1 stuart stuart    13 Mar  8 00:44 MANIFEST-000001
-rw-r--r-- 1 stuart stuart     0 Mar  8 00:44 LOCK
```

让我们在启动缓存服务的终端上用 CTRL+C 终止缓存服务，然后重新启动：

```
$ ./server -type rocksdb
```

重启后的 RocksDB 会将 000003.log 文件写入 000004.sst：

```
$ ls -lt /mnt/rocksdb/
total 4380
-rw-rw-r-- 1 stuart stuart 15626 Mar  8 00:47 LOG
-rw-r--r-- 1 stuart stuart  4579 Mar  8 00:47 OPTIONS-000008
-rw-r--r-- 1 stuart stuart     0 Mar  8 00:47 000006.log
-rw-r--r-- 1 stuart stuart    16 Mar  8 00:47 CURRENT
-rw-r--r-- 1 stuart stuart    98 Mar  8 00:47 MANIFEST-000005
-rw-r--r-- 1 stuart stuart   964 Mar  8 00:47 000004.sst
-rw-rw-r-- 1 stuart stuart 14559 Mar  8 00:44 LOG.old.1520441230574057
-rw-r--r-- 1 stuart stuart  4579 Mar  8 00:44 OPTIONS-000005
-rw-r--r-- 1 stuart stuart    37 Mar  8 00:44 IDENTITY
-rw-r--r-- 1 stuart stuart     0 Mar  8 00:44 LOCK
```

此时我们就可以获取缓存状态了：

```
$ curl 127.0.0.1:12345/status
{"Count":1,"KeySize":15,"ValueSize":9}
```

注意，这里KeySize略大于实际的“testkey”字符串长度，这是因为SST内部对key有内部填充。

重启后依然能对testkey的值进行Get操作：

```
$ ./client -c get -k testkey
testvalue
```

## 3.6 性能测试

运行benchmark的命令和2.4节的一样：

```
$ ./cache-benchmark -type tcp -n 100000 -r 100000 -t set
type is tcp
server is localhost
total 100000 requests
data size is 1000
we have 1 connections
operation is set
keyspacelen is 100000
pipeline length is 1
0 records get
0 records miss
100000 records set
11.217935 seconds total
99% requests < 1 ms
99% requests < 2 ms
99% requests < 3 ms
99% requests < 4 ms
99% requests < 7 ms
```

```
99% requests < 15 ms
100% requests < 26 ms
107 usec average for each request
throughput is 8.914296 MB/s
rps is 8914.296285

$ ./cache-benchmark -type tcp -n 100000 -r 100000 -t get
type is tcp
server is localhost
total 100000 requests
data size is 1000
we have 1 connections
operation is get
keyspacelen is 100000
pipeline length is 1
63264 records get
36736 records miss
0 records set
11.351836 seconds total
99% requests < 1 ms
99% requests < 2 ms
99% requests < 3 ms
99% requests < 4 ms
99% requests < 5 ms
99% requests < 12 ms
99% requests < 13 ms
99% requests < 25 ms
100% requests < 389 ms
108 usec average for each request
throughput is 5.573019 MB/s
rps is 8809.147742
```

我们看到，和第 2 章的相比，rps 从 in memory 的 1 万降到 0.9 万，平均每个请求处理时间从 80μs 增加到了 110μs。这个数据跟我们在本章 3.2.1 节用 C++写的 RocksDB 性能测试程序跑出来的结果并不一致。在 C++的结果里，每个 RocksDB 操作耗时不超过 8μs。这里的性能损耗来自两个方面，一方面是 RocksDB 本身为了提供 C API，需要在 C++的接口上额外封装一层 C 函数，这会导致一些额外的内存分配、复制和释放（为了 C 语言的 char*和 C++的 std::string 之间的互转）。另一方面 Go 语言通过 cgo 调用 C API 又会有一些额外的内存分配、复制和释放（为了 char*和 Go 语言 string/[ ]byte 之间的互转）。这两层性能损耗导致了我们每个请求的处理时间比 in memory 的实现平均多花费 30μs。

## 3.7 小结

在本章我们用 RocksDB 重新实现了缓存服务。RocksDB 克服了 in memory 的缺陷，不仅能够让缓存容量突破内存的限制且重启后内容也不会丢失。但是由于 Go 语言调用 C++库会有一定的性能损耗，使用 RocksDB 的缓存性能要低于使用 in memory 的。

从下一章开始，我们将重点关注缓存服务的性能问题。我们会从各种角度尝试提高性能的手段，让我们的缓存服务成为名副其实的高性能缓存。

# 第2部分

# 性能相关

# 第 4 章

# 用 pipelining 加速性能

本书的第 1 部分专注于实现缓存服务的基本功能：我们在第 1 章实现了一个使用 HTTP 服务的内存内缓存；在第 2 章加上了 TCP 服务；在第 3 章借助 RocksDB 实现了数据的持久化。

本书第 2 部分则专注于性能提升：我们会在本章介绍 pipelining 技术的原理，研究客户端如何通过 pipelining 技术来加速自己的吞吐量；在第 5 章利用 RocksDB 的批量写入功能提升缓存 Set 性能；在第 6 章使用异步操作提示缓存 Get 性能。

我们在第 1 章介绍了 cache-benchmark 工具，但是没有给出具体的实现细节。本章的 Go 语言实现部分将详细介绍 cache-benchmark 的实现。

## 4.1 pipelining 原理

pipelining 技术可以在不改变服务端实现的情况下加速客户端的性能，其原理见图 4-1。

如图 4-1 所示，pipelining 是一种网络技术，支持 pipelining 的客户端可以将多个请求通过同一个 TCP 连接连续不断地发送给服务端而不需要等待服务端的响应。这种技术可以极大地提高服务端的处理效率。

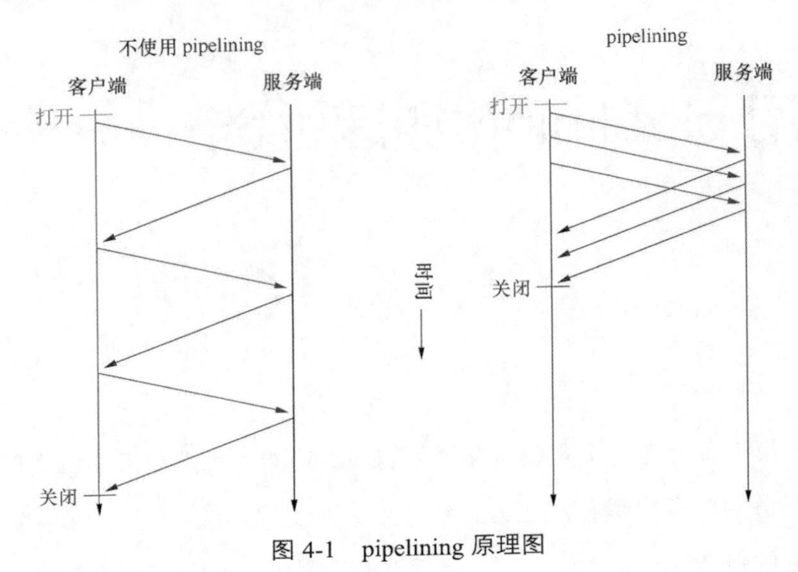


图 4-1　pipelining 原理图

不使用 pipelining 技术的客户端和服务端之间的互动是乒乓式的，客户端会等待服务端返回第一个请求的响应之后才发送第二个请求，有一部分时间被浪费在一来一回等待的网络开销上。令 $Ts$ 等于客户端发送请求到服务端的时间，$Tr$ 等于服务端发送响应到客户端的时间，$Tp$ 等于服务器处理请求的时间，那么客户端收到第 $N$ 个请求响应需要 $N\times(Ts+Tr+Tp)$，服务器真正用于处理请求的时间是 $N\times Tp$，总共花费在网络传输上的时间是 $N\times(Ts+Tr)$，也就是 $N$ 个请求和响应在网络上一来一回的时间。

使用 pipelining 技术的客户端将会一次性发送多个请求给服务端，服务端集中处理和发回响应。客户端收到第 $N$ 个请求响应需要 $Ts+Tr+N\times Tp$，服务器处理请求的时间还是 $N\times Tp$，总共花费在网络传输上的时间只有 $Ts+Tr$。所以 $N$ 越大，pipelining 技术能带来的性能提升就越大。$N$ 表示一个批次发送的请求数量，我们将 $N$ 称为 pipeline 的长度。

## 4.2 redis pipelining 性能对比

我们在第 1 章介绍过 redis-benchmark 这个测试工具，我们用它来测试 Redis 的性能，rps 在 1.6 万左右。我们没有提到的是 redis-benchmark 也支持 pipelining 功能，只需要用-P 参数指定一个大于 1 的 pipeline 长度即可。现在，将 pipeline 长度设置为 3 并重跑第 1 章的测试例程，看看结果会有什么不同：

```
$ redis-benchmark -c 1 -n 100000 -d 1000 -t set,get -r 100000 -P3
====== SET ======
  100000 requests completed in 5.01 seconds
  1 parallel clients
  1000 bytes payload
  keep alive: 1

98.95% <= 1 milliseconds
99.07% <= 2 milliseconds
99.19% <= 3 milliseconds
99.32% <= 4 milliseconds
99.44% <= 5 milliseconds
99.50% <= 6 milliseconds
99.59% <= 7 milliseconds
99.68% <= 8 milliseconds
99.77% <= 9 milliseconds
99.83% <= 10 milliseconds
99.86% <= 11 milliseconds
99.88% <= 12 milliseconds
99.89% <= 13 milliseconds
99.91% <= 14 milliseconds
99.93% <= 15 milliseconds
```

```
99.94% <= 16 milliseconds
99.95% <= 17 milliseconds
99.96% <= 18 milliseconds
99.97% <= 19 milliseconds
99.98% <= 21 milliseconds
99.98% <= 22 milliseconds
99.99% <= 23 milliseconds
100.00% <= 26 milliseconds
100.00% <= 28 milliseconds
100.00% <= 28 milliseconds
19976.03 requests per second

====== GET ======
  100000 requests completed in 2.32 seconds
  1 parallel clients
  1000 bytes payload
  keep alive: 1

99.99% <= 1 milliseconds
99.99% <= 3 milliseconds
100.00% <= 9 milliseconds
100.00% <= 18 milliseconds
100.00% <= 18 milliseconds
43177.89 requests per second
```

结果是令人震惊的，在 pipeline 长度为 3 的情况下，也就是说一次传输 3 个请求，Set 操作的 rps 达到 2 万，而 Get 操作的 rps 更是达到 4.3 万，几乎是没有 pipelining 的时候的 2.7 倍。这就是 pipelining 的威力。

接下来，就让我们见识一下 cache-benchmark 是如何使用 pipelining 技术的，以及使用该技术对我们的缓存服务的效率提升有多大。

# 4.3 Go 语言实现

我们在本书的前 3 章都将 cache-benchmark 作为我们的性能测试工具，但是仅限于如何使用，并没有涉及它的实现。我们会在本章的 Go 语言实现中详细介绍 cache-benchmark 的实现。

## 4.3.1 main 包的实现

和其他 Go 语言程序一样，cache-benchmark 也需要一个 main 包来作为可执行程序的入口点。它的 main 包包含一个 init 函数，其主要作用是解析命令行参数并设置好运行环境，比如测试的起始时间点，需要运行的测试集等，见例 4-1。

**例 4-1　init 函数**

```
var typ, server, operation string
var total, valueSize, threads, keyspacelen, pipelen int

func init() {
		flag.StringVar(&typ, "type", "redis", "cache server type")
		flag.StringVar(&server, "h", "localhost", "cache server
address")
		flag.IntVar(&total, "n", 1000, "total number of requests")
		flag.IntVar(&valueSize, "d", 1000, "data size of SET/GET
value in bytes")
		flag.IntVar(&threads, "c", 1, "number of parallel connections")
		flag.StringVar(&operation, "t", "set", "test set, could
be get/set/mixed")
		flag.IntVar(&keyspacelen, "r", 0, "keyspacelen, use random
keys from 0 to keyspacelen-1")
```

```
        flag.IntVar(&pipelen, "P", 1, "pipeline length")
        flag.Parse()
        fmt.Println("type is", typ)
        fmt.Println("server is", server)
        fmt.Println("total", total, "requests")
        fmt.Println("data size is", valueSize)
        fmt.Println("we have", threads, "connections")
        fmt.Println("operation is", operation)
        fmt.Println("keyspacelen is", keyspacelen)
        fmt.Println("pipeline length is", pipelen)

        rand.Seed(time.Now().UnixNano())
}
```

在 Go 语言中，init 函数是一个比较特别的函数，专门用于 Go 包的初始化。它无需使用者显式调用，Go 编译器会在一个包需要被初始化时去查找该包的 init 函数并执行它。Go 包的初始化发生在整个程序被载入内存之后，执行 main 函数之前。不同 Go 包的执行顺序由它们互相之间的 import（导入）顺序决定，所以只要你的 Go 包导入了别的 Go 包，你就可以确定那个 Go 包的 init 函数一定在你的 init 函数运行之前就已经运行过了。每个 Go 包的 init 函数只运行一次。

cache-benchmark 的 main 包的 init 函数主要是用 flag 包解析命令行参数以及 rand 种子的初始化。需要注意的是这里用到的 flag 包的函数跟之前我们在例 2-5 看到中的不一样，这里的是一系列变种。我们之前说过，flag 为每一种基本类型都准备了相应的用来设置变量的函数，这样的函数实际上有两个（带 Var 和不带 Var 的版本）。例 2-5 的 flag 函数（flag.String）有返回值，返回的是相应类型（string）的指针。这种用法比较直接、比较方便。例 4-1 中的 flag 函数（flag.StringVar，flag.IntVar）没有返回值，需要将相应类型（string，int）的指针作为参数传入。这种用法适用于变量需要在其他地方被初始化的情况（比如该变量属于别的包或者该变量是一个全局变量）。

程序执行完所有的 init 函数就会开始执行 main 函数，main 函数的实现见例 4-2。

**例 4-2　main 函数**

```
func main() {
        ch := make(chan *result, threads)
        res := &result{0, 0, 0, make([]statistic, 0)}
        start := time.Now()
        for i := 0; i < threads; i++ {
                go operate(i, total/threads, ch)
        }
        for i := 0; i < threads; i++ {
                res.addResult(<-ch)
        }
        d := time.Now().Sub(start)
        totalCount := res.getCount + res.missCount + res.setCount
        fmt.Printf("%d records get\n", res.getCount)
        fmt.Printf("%d records miss\n", res.missCount)
        fmt.Printf("%d records set\n", res.setCount)
        fmt.Printf("%f seconds total\n", d.Seconds())
        statCountSum := 0
        statTimeSum := time.Duration(0)
        for b, s := range res.statBuckets {
                if s.count == 0 {
                        continue
                }
                statCountSum += s.count
                statTimeSum += s.time
                fmt.Printf("%d%% requests < %d ms\n", statCount
```

```
Sum*100/totalCount, b+1)
                }
                fmt.Printf("%d usec average for each request\n",
                int64 (statTimeSum/time.Microsecond)/int64(statCountSum)
 )
                fmt.Printf("throughput is %f MB/s\n",
                float64 ((res.getCount+res.setCount)*valueSize)/1e6/d.Seconds())
                fmt.Printf("rps is %f\n", float64(totalCount)/float64
(d.Seconds()))
     }
```

main 函数会创建 channel 以在 goroutine 之间传递测试的结果。实际的操作并发运行在多个 goroutine 中，每个 goroutine 会建立一个 client 连接并对缓存服务进行操作，然后将结果发送进 channel。main 函数会在 channel 的另一头接收结果并汇总，最后打印报告。

Go 语言的 channel 可以被认为是一种进程内的消息队列，适用于在不同 goroutine 之间传递数据结构。channel 分为两种，有缓冲的（buffered）和无缓冲的（unbuffered）。channel 需要用 make 创建，创建时需要两个参数来指定 channel 底层数据结构的类型以及缓冲区的大小。第二个参数默认为 0，也就是无缓冲的 channel。无缓冲的 channel 不仅可以用于通信，还可以用于 goroutine 间的同步，因为接收端和发送端都会阻塞等待，直到对面开始发送/接收。有缓冲的 channel 则是接收端仅当 channel 空时阻塞，发送端仅当 channel 满时阻塞。

例 4-2 创建的就是一个有缓冲的 channel: ch。它底层传递的数据结构是 result 结构体指针，缓冲区大小等于即将执行的 goroutine 的数量，也就是需要创建客户端的数量。result 结构体用于记录操作结果，相关实现见例 4-3。

例 4-3　result 结构体的相关实现

```
type statistic struct {
        count int
        time  time.Duration
}

type result struct {
        getCount    int
        missCount   int
        setCount    int
        statBuckets []statistic
}

func (r *result) addStatistic(bucket int, stat statistic) {
        if bucket > len(r.statBuckets)-1 {
                newStatBuckets := make([]statistic, bucket+1)
                copy(newStatBuckets, r.statBuckets)
                r.statBuckets = newStatBuckets
        }
        s := r.statBuckets[bucket]
        s.count += stat.count
        s.time += stat.time
        r.statBuckets[bucket] = s
}

func (r *result) addDuration(d time.Duration, typ string) {
        bucket := int(d / time.Millisecond)
        r.addStatistic(bucket, statistic{1, d})
        if typ == "get" {
                r.getCount++
        } else if typ == "set" {
```

```
                r.setCount++
        } else {
                r.missCount++
        }
}

func (r *result) addResult(src *result) {
        for b, s := range src.statBuckets {
                r.addStatistic(b, s)
        }
        r.getCount += src.getCount
        r.missCount += src.missCount
        r.setCount += src.setCount
}
```

result 结构体一共有 4 个成员，getCount 和 setCount 用来记录一共进行了多少次 Get、Set 操作；missCount 用来记录 Get 操作没有找到对应的 key 的次数；statBuckets 用来记录操作花费的时间，这些时间开销按照结果被分在不同的 bucket 里面，statBuckets 的下标表示这个 bucket 内的操作所花费时间的上限，下标对应的元素是一个 statistic 结构体，记录了这些操作的数量以及它们花费的总时间。

channel 创建完了，接下来我们就要去创建 goroutine 来执行 operate 函数。我们从第 1 章开始就一直提到 goroutine，它到底是什么呢？其实 goroutine 就是 Go 语言并发执行的模型。它比线程更轻量，因为多个 goroutine 可以复用同一个线程，当一个 goroutine 等待 IO 时，该线程上的其他 goroutine 可以继续运行，所以 goroutine 其实是一种纤程。

operate 函数执行完毕后会将结果发送给 ch，main 函数会接收来自 ch 的结果并汇总，最后打印出各种报告。operate 函数的实现见例 4-4。

例 4-4　operate 函数

```
func operate(id, count int, ch chan *result) {
        client := cacheClient.New(typ, server)
        cmds := make([]*cacheClient.Cmd, 0)
        valuePrefix := strings.Repeat("a", valueSize)
        r := &result{0, 0, 0, make([]statistic, 0)}
        for i := 0; i < count; i++ {
                var tmp int
                if keyspacelen > 0 {
                        tmp = rand.Intn(keyspacelen)
                } else {
                        tmp = id*count + i
                }
                key := fmt.Sprintf("%d", tmp)
                value := fmt.Sprintf("%s%d", valuePrefix, tmp)
                name := operation
                if operation == "mixed" {
                        if rand.Intn(2) == 1 {
                                name = "set"
                        } else {
                                name = "get"
                        }
                }
                c := &cacheClient.Cmd{name, key, value, nil}
                if pipelen > 1 {
                    cmds = append(cmds, c)
                    if len(cmds) == pipelen {
                            pipeline(client, cmds, r)
                            cmds = make([]*cacheClient.Cmd, 0)
                    }
```

```
                        } else {
                                run(client, c, r)
                        }
                }
                if len(cmds) != 0 {
                        pipeline(client, cmds, r)
                }
                ch <- r
        }
```

operate 函数运行在自己的 goroutine 里，功能是模拟一个客户端对缓存服务的操作，所以它首先要调用 cacheClient.New 创建一个 cacheClient.Client 接口。

count 决定需要发送的请求数量。我们在 for 循环中根据命令行参数决定一个 command 的内容，包括该 command 的操作类型（Get 或 Set）、key 和 value，将结果记录在一个 cacheClient.Cmd 结构体指针 c 内。如果 pipelen 参数大于 1，说明我们需要使用 pipelining，那么我们将它添加（append）到一开始用 make 创建的 cacheClient.Cmd 结构体指针切片 cmds 中，若 cmds 内保存了足够多的内容，则调用 pipeline 函数将这些 command 一次性传给服务端并记录结果。如果 pipelen 参数小于等于 1，说明我们不需要使用 pipelining，那么就调用 run 函数，仅仅把 1 个 command 传给服务端并记录结果。所有操作完成后，结果会被发送进 ch。run 和 pipeline 函数实现见例 4-5。

#### 例 4-5　run 和 pipeline 函数

```
func run(client cacheClient.Client, c *cacheClient.Cmd, r *result) {
        expect := c.Value
        start := time.Now()
        client.Run(c)
        d := time.Now().Sub(start)
```

```
        resultType := c.Name
        if resultType == "get" {
                if c.Value == "" {
                        resultType = "miss"
                } else if c.Value != expect {
                        panic(c)
                }
        }
        r.addDuration(d, resultType)
}

func pipeline(client cacheClient.Client, cmds []*cacheClient.Cmd, r *result) {
        expect := make([]string, len(cmds))
        for i, c := range cmds {
                if c.Name == "get" {
                        expect[i] = c.Value
                }
        }
        start := time.Now()
        client.PipelinedRun(cmds)
        d := time.Now().Sub(start)
        for i, c := range cmds {
                resultType := c.Name
                if resultType == "get" {
                        if c.Value == "" {
                                resultType = "miss"
                        } else if c.Value != expect[i] {
                                fmt.Println(expect[i])
                                panic(c.Value)
                        }
                }
                r.addDuration(d, resultType)
```

```
		}
	}
```

run 函数调用 cacheClient.Client.Run 方法，并将操作的结果记录到 result 结构体指针 r 中。pipeline 函数则调用 cacheClient.Client.PipelinedRun 方法，并用一个 for 循环将这一批操作的结果依次记录到 result 结构体指针 r 中。

注意这里的 cacheClient 和例 2-5 中的 cacheClient 是同一个 Go 包，它的实现放在 cache-benchmark 目录的 cacheClient 子目录里，我们的 TCP 客户端 client 是通过相对路径找过去的。接下来就让我们看看这个 cacheClient 包的实现。

## 4.3.2 cacheClient 包的实现

Client 接口的相关实现见例 4-6。

**例 4-6 Client 接口的相关实现**

```
type Cmd struct {
	Name  string
	Key   string
	Value string
	Error error
}

type Client interface {
	Run(*Cmd)
	PipelinedRun([]*Cmd)
}

func New(typ, server string) Client {
	if typ == "redis" {
```

```
                return newRedisClient(server)
        }
        if typ == "http" {
                return newHTTPClient(server)
        }
        if typ == "tcp" {
                return newTCPClient(server)
        }
        panic("unknown client type " + typ)
}
```

Cmd 结构体有 4 个成员变量，分别用来保存操作的类型、键、值以及返回的错误。

Client 接口提供了运行单个 Cmd 的 Run 方法和 pipelining 运行一批 Cmd 的 PipelinedRun 方法。

New 函数根据 typ 参数决定调用不同的 new 函数来创建实现 Client 接口的不同结构体，我们一共支持 3 种 Client 实现：httpClient（见例 4-7）和 tcpClient（见例 4-8）分别对应缓存服务的 HTTP 接口和 TCP 接口；至于 redisClient（见例 4-9），它能够作为 Redis 客户端连接 Redis 的服务器。

**例 4-7　httpClient 结构体的相关实现**

```
type httpClient struct {
        *http.Client
        server string
}

func (c *httpClient) get(key string) string {
        resp, e := c.Get(c.server + key)
        if e != nil {
```

```
                log.Println(key)
                panic(e)
        }
        if resp.StatusCode == http.StatusNotFound {
                return ""
        }
        if resp.StatusCode != http.StatusOK {
                panic(resp.Status)
        }
        b, e := ioutil.ReadAll(resp.Body)
        if e != nil {
                panic(e)
        }
        return string(b)
}

func (c *httpClient) set(key, value string) {
        req, e := http.NewRequest(http.MethodPut,
                c.server+key, strings.NewReader(value))
        if e != nil {
                log.Println(key)
                panic(e)
        }
        resp, e := c.Do(req)
        if e != nil {
                log.Println(key)
                panic(e)
        }
        if resp.StatusCode != http.StatusOK {
                panic(resp.Status)
        }
}
```

```
func (c *httpClient) Run(cmd *Cmd) {
        if cmd.Name == "get" {
                cmd.Value = c.get(cmd.Key)
                return
        }
        if cmd.Name == "set" {
                c.set(cmd.Key, cmd.Value)
                return
        }
        panic("unknown cmd name " + cmd.Name)
}

func newHTTPClient(server string) *httpClient {
        client := &http.Client{Transport: &http.Transport{MaxIdle
ConnsPerHost: 1}}
        return &httpClient{client, "http://" + server + ":12345/cache/"}
}

func (c *httpClient) PipelinedRun([]*Cmd) {
        panic("httpClient pipelined run not implement")
}
```

get 方法实现缓存 Get 操作。它根据缓存服务的地址和 key 拼成 URL 并发送 HTTP GET 请求，然后解析 HTTP 响应，将结果作为 string 类型返回。set 方法类似，发送 HTTP PUT 请求实现缓存 Set 操作。

注意 cache-benchmark 没有针对缓存 Del 操作的测试集，所以 httpClient 没有实现相应的 del 方法。

Run 方法根据 Cmd 的 Name 成员决定调用 get 还是 set 方法。

newHTTPClient 函数用来创建一个 httpClient 结构体指针。

注意，我们不会去测试 HTTP 接口的 pipelining 功能，所以 httpClient 的 PipelinedRun 方法并没有真正实现，一旦调用该方法就会调用 panic 报错并终止程序。

tcpClient 结构体的相关实现见例 4-8。

**例 4-8　tcpClient 结构体的相关实现**

```
type tcpClient struct {
	net.Conn
	r *bufio.Reader
}

func (c *tcpClient) sendGet(key string) {
	klen := len(key)
	c.Write([]byte(fmt.Sprintf("G%d %s", klen, key)))
}

func (c *tcpClient) sendSet(key, value string) {
	klen := len(key)
	vlen := len(value)
	c.Write([]byte(fmt.Sprintf("S%d %d %s%s", klen, vlen, key, value)))
}

func (c *tcpClient) sendDel(key string) {
	klen := len(key)
	c.Write([]byte(fmt.Sprintf("D%d %s", klen, key)))
}

func readLen(r *bufio.Reader) int {
```

```
        tmp, e := r.ReadString(' ')
        if e != nil {
                log.Println(e)
                return 0
        }
        l, e := strconv.Atoi(strings.TrimSpace(tmp))
        if e != nil {
                log.Println(tmp, e)
                return 0
        }
        return l
}

func (c *tcpClient) recvResponse() (string, error) {
        vlen := readLen(c.r)
        if vlen == 0 {
                return "", nil
        }
        if vlen < 0 {
                err := make([]byte, -vlen)
                _, e := io.ReadFull(c.r, err)
                if e != nil {
                        return "", e
                }
                return "", errors.New(string(err))
        }
        value := make([]byte, vlen)
        _, e := io.ReadFull(c.r, value)
        if e != nil {
                return "", e
        }
        return string(value), nil
```

```
}

func (c *tcpClient) Run(cmd *Cmd) {
        if cmd.Name == "get" {
                c.sendGet(cmd.Key)
                cmd.Value, cmd.Error = c.recvResponse()
                return
        }
        if cmd.Name == "set" {
                c.sendSet(cmd.Key, cmd.Value)
                _, cmd.Error = c.recvResponse()
                return
        }
        if cmd.Name == "del" {
                c.sendDel(cmd.Key)
                _, cmd.Error = c.recvResponse()
                return
        }
        panic("unknown cmd name " + cmd.Name)
}

func (c *tcpClient) PipelinedRun(cmds []*Cmd) {
        if len(cmds) == 0 {
                return
        }
        for _, cmd := range cmds {
                if cmd.Name == "get" {
                        c.sendGet(cmd.Key)
                }
                if cmd.Name == "set" {
                        c.sendSet(cmd.Key, cmd.Value)
                }
```

```
                if cmd.Name == "del" {
                        c.sendDel(cmd.Key)
                }
        }
        for _, cmd := range cmds {
                cmd.Value, cmd.Error = c.recvResponse()
        }
}

func newTCPClient(server string) *tcpClient {
        c, e := net.Dial("tcp", server+":12346")
        if e != nil {
                panic(e)
        }
        r := bufio.NewReader(c)
        return &tcpClient{c, r}
}
```

tcpClient 的实现要比 httpClient 的完整许多，它不仅支持 PipelinedRun 方法（因为 cache-benchmark 需要用它来测试 TCP pipelining 功能），而且还实现了 Del 操作（TCP 客户端需要用它来完成缓存删除功能）。

为了支持 pipelining 功能，我们将发送请求和接收响应的功能拆解到独立的函数中实现：sendGet、sendSet 和 sendDel 方法分别用于发送不同的 command 到服务端，recvResponse 方法则用来接收和解析来自服务端的响应。

Run 方法根据 Cmd 的 Name 成员变量调用相应的 send 方法，然后立刻调用 recvResponse 接收响应。

PipelinedRun 方法先在第一个 for 循环中将需要发送的 command 按照次序连续发送出去，然后在下一个 for 循环等待所有来自服务端的响应。

newTCPClient 函数调用 net.Dial 连接服务器的指定 TCP 端口并创建 tcpClient 结构体指针返回。

除了缓存服务的 httpClient 和 tcpClient 以外，cache-benchmark 还支持 redisClient，见例 4-9。

例 4-9　redisClient 结构体的相关实现

```
type redisClient struct {
        *redis.Client
}

func (r *redisClient) get(key string) (string, error) {
        res, e := r.Get(key).Result()
        if e == redis.Nil {
                return "", nil
        }
        return res, e
}

func (r *redisClient) set(key, value string) error {
        return r.Set(key, value, 0).Err()
}

func (r *redisClient) del(key string) error {
        return r.Del(key).Err()
}

func (r *redisClient) Run(c *Cmd) {
        if c.Name == "get" {
                c.Value, c.Error = r.get(c.Key)
```

```
			return
		}
		if c.Name == "set" {
			c.Error = r.set(c.Key, c.Value)
			return
		}
		if c.Name == "del" {
			c.Error = r.del(c.Key)
			return
		}
		panic("unknown cmd name " + c.Name)
}

func (r *redisClient) PipelinedRun(cmds []*Cmd) {
	if len(cmds) == 0 {
		return
	}
	pipe := r.Pipeline()
	cmders := make([]redis.Cmder, len(cmds))
	for i, c := range cmds {
		if c.Name == "get" {
			cmders[i] = pipe.Get(c.Key)
		} else if c.Name == "set" {
			cmders[i] = pipe.Set(c.Key, c.Value, 0)
		} else if c.Name == "del" {
			cmders[i] = pipe.Del(c.Key)
		} else {
			panic("unknown cmd name " + c.Name)
		}
	}
	_, e := pipe.Exec()
```

```
            if e != nil && e != redis.Nil {
                    panic(e)
            }
            for i, c := range cmds {
                    if c.Name == "get" {
                       value, e := cmders[i].(*redis.StringCmd).Result()
                       if e == redis.Nil {
                            value, e = "", nil
                       }
                       c.Value, c.Error = value, e
                    } else {
                    c.Error = cmders[i].Err()
                    }
            }
    }

    func newRedisClient(server string) *redisClient {
            return &redisClient{redis.NewClient(&redis.Options{Addr:
server + ":6379", ReadTimeout: -1})}
    }
```

redisClient 结构体内嵌了一个 redis.Client 结构体指针。redis.Client 结构体的定义在第三方 Go 包"github.com/go-redis/redis"里，我们需要通过下列命令来下载这个第三方 Go 包：

```
$ go get github.com/go-redis/redis
```

go get 命令会自动到网上下载这个 Go 包，并将其保存在$GOPATH 环境变量的 src 子目录中，也就是说，这个 Go 包最终会保存在本书源码根目录的 src/github.com/go-redis/redis/子目录下。

结构体内嵌使得 redisClient 全盘接收了 redis.Client 的方法，并可以用这些方法来实现自己的 Client 接口。

有人可能要问："已经有了 redis-benchmark，为什么 cache-benchmark 还要实现一个 redisClient 呢？"这是个好问题。实现 redisClient 其实有 3 大好处：

- 首先，它可以验证我们的 cache-benchmark 的功能是否正确，只需要和 redis-benchmark 访问同一个 Redis 服务器进行对比就可以做到这一点；
- 其次，在和 Redis 进行性能对比时，如果使用相同的工具来比较 Redis 和我们自己的缓存服务，就可以避免由于测试工具的不同带来的性能误差；
- 最后，写这样一个客户端对于我们更进一步了解 Go 语言、了解 Redis，以及了解我们自己的缓存服务有帮助；当我们陷入瓶颈一筹莫展时，参考一下别人的接口和实现，有时可以豁然开朗。

cache-benchmark 的实现就介绍到这里，接下来让我们看看使用 pipelining 技术后性能可以提升多少。

## 4.4　性能测试

和 redis-benchmark 一样，我们用-P 参数将 pipeline 长度设置为 3：

```
$ ./cache-benchmark -type tcp -n 100000 -r 100000 -t set -P 3
type is tcp
server is localhost
total 100000 requests
data size is 1000
we have 1 connections
operation is set
```

```
keyspacelen is 100000
pipeline length is 3
0 records get
0 records miss
100000 records set
6.240437 seconds total
99% requests < 1 ms
99% requests < 2 ms
99% requests < 3 ms
99% requests < 7 ms
99% requests < 13 ms
100% requests < 15 ms
177 usec average for each request
throughput is 16.024519 MB/s
rps is 16024.518878

$ ./cache-benchmark -type tcp -n 100000 -r 100000 -t get -P 3
type is tcp
server is localhost
total 100000 requests
data size is 1000
we have 1 connections
operation is get
keyspacelen is 100000
pipeline length is 3
63437 records get
36563 records miss
0 records set
5.889170 seconds total
99% requests < 1 ms
99% requests < 2 ms
```

```
99% requests < 5 ms
99% requests < 6 ms
100% requests < 7 ms
167 usec average for each request
throughput is 10.771807 MB/s
rps is 16980.321485
```

和 3.5 节的结果相比，读写缓存的 rps 从 0.9 万增加到 1.6 万，大约有 80%的提升，这说明我们的缓存服务花费在处理请求操作上的时间大约是花费在网络传输上的时间的一半。

另外我们还注意到，虽然使用 pipelining 技术会提高我们的吞吐量和 rps，但是请求的平均响应时间却变长了。这是因为平均响应时间计算的是每一个请求从发送请求开始到接收完响应之间的时间差，由于服务端在期间需要处理的请求变多了，这段时间也变长了，从 110μs 提高到了 170μs，大约是 3.5 节的 1.5 倍多。

## 4.5 小结

在本章，我们介绍了 pipelining 技术的原理，并介绍了 cache-benchmark 的实现。pipelining 技术确实能给我们的客户端性能带来一定的提升，而且 pipeline 长度越高，性能提升的幅度越大。

cache-benchmark 使用了同步的 pipelining 技术，该技术需要在测试中特意积攒请求，直到满足 pipeline 长度要求后才发出去，然后一一等待服务端的响应。真实客户端在正常使用缓存的时候是不需要积攒请求的。只要上层应用有请求过来，客户端就可以发出，响应的接收通常会有其他 goroutine（或线程）负责，无须发送方等待响应。这种行为是 pipelining 技术的异步实现，性能更好，更适用于生产环境。

在不改变服务端实现的前提下，pipelining 技术是客户端赖以提升性能的法宝。但我们当然不会止步于此。下一章，我们将会深入 RocksDB 内部，介绍它的批量写入功能，并用批量写入来提升缓存 Set 操作的效率。

# 第 5 章

# 批量写入

我们在上一章介绍了如何利用 pipelining 技术在不改变任何服务端实现的情况下提升性能，这样的提升非常有限。本章将要做的是深入 RocksDB 内部，借助它的批量写入功能来给我们的缓存服务 Set 操作提速。

## 5.1 批量写入能够提升写入性能的原理

批量写入的原理和 pipelining 的原理很接近，它是在服务端将收到的 Set 操作请求积攒起来，然后一次性写入磁盘。这样做的好处有 3 点：首先，通过把多次小的写操作合并成一个大的写操作，减少了磁盘的寻道时间和旋转延时，提升了磁盘 IO 的效率；其次，写入的内容会被集中放在连续的内存里，减少了 CPU 载入内存的次数和 cache miss 的概率（这里的 cache 指的是 CPU 和内存之间的缓存）；最后，缓存的 Set 操作现在可以尽快返回而不需要等待磁盘操作的结果，这意味着我们的缓存服务可以在相同的时间里处理更多的请求。

然而，批量写入也有两个缺陷。我们不再可以知晓每一次缓存 Set 操作的真实结果了，缓存服务总是把成功的响应返回给客户端，但是等到真正进行批量写入的时候却有可能失败，那时我们已经没有办法把这个错误通知到客户端了；第二个缺陷则更为隐蔽，我们不再能够保证 Set 操作的实时一致性了，当客户端 Set 操作返回后，客户端会认为键值对已经进入了缓存，但是当它下次打算来获取这个键值对时，它可能还在批量写入的队列里没有被真正写入磁盘。这两个缺陷成因不同，但结果都是写入的键值对暂时或永久丢失。

好在本书实现的是缓存服务，不是存储服务。我们在本书的序里就提过，缓存的设计从一开始就明白数据是可以丢失的，所以客户端不会对获取不到成功 Set 的键值对感到惊讶。也就是说，这两个缺陷都是客户端可以容忍的。

那么接下来，就让我们来看看 RocksDB 批量写入的性能究竟怎么样吧。

## 5.2 RocksDB 批量写入性能测试

本书源码的 rocksdb_performance/子目录中还有一个 test_batch_write 测试程序，之前没有提到过。这个程序是专门用来测试 RocksDB 批量写入性能的，用法如下：

```
$ ./test_batch_write --help
Allowed options:
  -h [ --help ]                    produce help message
  -t [ --total ] arg (=10000)      total record number
  -s [ --size ] arg (=1000)        value size

batch_write option:
  -b [ --batch_size ] arg (=1)  batch size
```

它比 test_basic 多了一个-b 命令行参数，该参数用来指定批量（batch）的大小，默认为 1，也就是没有批量操作。现在先让我们看看默认情况下的写入效率：

```
$ ./test_batch_write -t 100000
total record number is 100000
value size is 1000
batch size is 1
100000 records batch put in 801976 usec, 8.01976 usec average,
throughput is 124.692 MB/s, rps is 124692
```

10 万次写入操作，操作平均耗时 8μs，rps 达到 12 万。然后再看看当我们设置 batch 大小为 100，也就是说每 100 次 Set 操作只写一次 db 的结果：

```
$ ./test_batch_write -t 100000 -b 100
total record number is 100000
value size is 1000
batch size is 100
100000 records batch put in 296222 usec, 2.96222 usec average,
throughput is 337.585 MB/s, rps is 337585
```

10 万次写入操作，操作平均耗时 3μs，rps 达到 33 万，性能几乎是直接写入的 3 倍。

RocksDB 批量写入性能测试的结果令人振奋，让我们迫不及待地想去看一下缓存的新实现了。

## 5.3 Go 语言实现

本章缓存服务的实现和第 3 章相比，仅在 cache.rocksdbCache 的实现上有区别。

### cache.rocksdbCache 的新实现

cache 包中的 Cache 接口以及 inMemoryCache 的实现都没有变，只有 rocksdbCache

的实现发生了变化，见例 5-1。

#### 例 5-1　rocksdbCache 结构体相关实现

```
type rocksdbCache struct {
        db *C.rocksdb_t
        ro *C.rocksdb_readoptions_t
        wo *C.rocksdb_writeoptions_t
        e  *C.char
        ch chan *pair
}

type pair struct {
        k string
        v []byte
}
```

相比第 3 章，rocksdbCache 结构体多了一个 pair 结构体指针的 channel。pair 结构体就是用来存放键值对的，有一个接收者函数会从这个 channel 中读取键值对并实现批量写入，见例 5-2。

#### 例 5-2　批量写入函数 write_func 的实现

```
const BATCH_SIZE = 100

func flush_batch(db *C.rocksdb_t, b *C.rocksdb_writebatch_t, o *C.
rocksdb_writeoptions_t) {
        var e *C.char
        C.rocksdb_write(db, o, b, &e)
        if e != nil {
                panic(C.GoString(e))
        }
```

```
        C.rocksdb_writebatch_clear(b)
    }

    func write_func(db *C.rocksdb_t, c chan *pair, o *C.rocksdb_writeoptions_t) {
        count := 0
        t := time.NewTimer(time.Second)
        b := C.rocksdb_writebatch_create()
        for {
            select {
            case p := <-c:
                count++
                key := C.CString(p.k)
                value := C.CBytes(p.v)
                C.rocksdb_writebatch_put(b, key, C.size_t
(len(p.k)), (*C.char)(value), C.size_t(len (p.v)))
                C.free(unsafe.Pointer(key))
                C.free(value)
                if count == BATCH_SIZE {
                    flush_batch(db, b, o)
                    count = 0
                }
                if !t.Stop() {
                    <-t.C
                }
                t.Reset(time.Second)
            case <-t.C:
                if count != 0 {
                    flush_batch(db, b, o)
                    count = 0
                }
                t.Reset(time.Second)
            }
```

```
        }
    }
```

write_func 函数创建了一个用来追踪当前批次需要写入的键值对数量的计数器 count、一个 1s 后触发的计时器 t 以及一个用于批量写入 RocksDB 的结构体指针 b。然后该函数在一个无限循环中调用 select 控制结构，等待来自 channel 和 timer 的事件。

Go 语言的 select 控制结构类似于 Linux 下的 polling 机制：它允许我们在同一个 goroutine 内同时等待多个事件的发生，并处理先发生的事件。如果多个事件发生的时间不分先后，那么 select 会随机选择一个事件进行处理。

如果 channel 中的数据先抵达，select 控制结构进入第一个分支。我们会读取这个 pair 结构体指针并将其赋值给变量 p，然后将键值对放入批量结构体指针 b 中。如果此时批量数据达到 100 个，我们会调用 flush_batch 函数将这个批次写入 RocksDB。然后重置我们的计数器 count 和计时器 t。

如果是计时器的数据先抵达，select 控制结构进入第二个分支。只要计数器不为 0，说明 b 中有需要写入的数据，我们都会调用 flush_batch 函数将这个批次写入。然后重置计数器和计时器。计时器的触发时间是 1s，一旦 1s 内没有后续写操作请求，我们就会去批量写入，所以即使服务器死机，我们最多丢失 1s 之内的写入数据，且不超过 100 个。

Go 语言的计时器用法非常简单：time.NewTimer 函数用来创建一个 time.Timer 结构体指针，它的参数类型是 time.Duration，表示该计时器将在多少时间后触发。time.Timer 结构体内含一个成员 C，类型是 time.Time 结构体的 channel（chan Time），使用者去接收这个 channel 会被阻塞，直到该计时器被触发后往 C 发送一个 time.Time 结构体，使用者才会被唤醒。

重置计时器需要小心，如果我们能够确认该计时器已经触发，那么只需要调用其 Reset 方法就可以让它再次开始计时。如果不能确认，那么我们需要先调用其 Stop 方法停止这个计时器，Stop 方法的返回值会告诉我们该计时器是否触发，如果已经触发则返回的 bool 值是 false，此时我们需要先取走 C 中的 Time 结构体（以免残留在 C 中导致下一次 select 操作立即进入第二个分支），然后再去调用其 Reset 方法。

write_func 函数会在 rocksdbCache 结构体被创建时开始运行，见例 5-3。

**例 5-3　rocksdbCache 结构体相关函数**

```
func newRocksdbCache() *rocksdbCache {
        options := C.rocksdb_options_create()
        C.rocksdb_options_increase_parallelism(options, C.int
(runtime.NumCPU()))
        C.rocksdb_options_set_create_if_missing(options, 1)
        var e *C.char
        db := C.rocksdb_open(options, C.CString("/mnt/rocksdb"), &e)
        if e != nil {
                panic(C.GoString(e))
        }
        C.rocksdb_options_destroy(options)
        c := make(chan *pair, 5000)
        wo := C.rocksdb_writeoptions_create()
        go write_func(db, c, wo)
        return &rocksdbCache{db, C.rocksdb_readoptions_create(), wo, e, c}
}

func (c *rocksdbCache) Set(key string, value []byte) error {
        c.ch <- &pair{key, value}
```

```
        return nil
}
```

和第 3 章的函数相比，newRocksdbCache 函数额外创建了一个 pair 结构体指针的 channel c，然后启动一个新的 goroutine 运行 write_func 接收 c 中的数据。c 同时也被保存在 rocksdbCache 结构体的新成员 ch 中。

rocksdbCache.Set 方法不再直接调用 rocksdb_put 函数，只需要将键值对传入自己的成员 ch 中即可。ch 的缓冲区的容量为 5000，只要我们的缓存服务在 RocksDB 一次批量写入操作的时间里收到的请求数量小于 5000 就不会阻塞。

## 5.4 性能测试

我们在第 3 章测试了在没有 pipelining 的情况下的缓存写入的 rps 是 0.9 万，第 4 章使用了 pipelining 技术则提升到了 1.6 万。现在让我们看看使用批量写入对于写入性能的提升有多大，首先是没有 pipelining 的情况：

```
$ ./cache-benchmark -type tcp -n 100000 -r 100000 -t set
type is tcp
server is localhost
total 100000 requests
data size is 1000
we have 1 connections
operation is set
keyspacelen is 100000
pipeline length is 1
0 records get
0 records miss
100000 records set
```

```
10.344394 seconds total
99% requests < 1 ms
99% requests < 2 ms
99% requests < 3 ms
99% requests < 5 ms
99% requests < 20 ms
99% requests < 123 ms
100% requests < 502 ms
97 usec average for each request
throughput is 9.667072 MB/s
rps is 9667.071943
```

在没有使用 pipelining 的情况下，批量写入的 rps 达到了 0.96 万，差不多有 7% 的提升。接下来我们看看同时运用 pipelining 技术和批量写入技术的情况：

```
$ ./cache-benchmark -type tcp -n 100000 -r 100000 -t set -P 3
type is tcp
server is localhost
total 100000 requests
data size is 1000
we have 1 connections
operation is set
keyspacelen is 100000
pipeline length is 3
0 records get
0 records miss
100000 records set
3.818023 seconds total
99% requests < 1 ms
99% requests < 2 ms
99% requests < 5 ms
99% requests < 9 ms
```

```
100% requests < 13 ms
104 usec average for each request
throughput is 26.191564 MB/s
rps is 26191.563783
```

和 4.4 节的结果相比，性能差不多有 60%的提升。和不使用 pipelining 技术的情况相比，差别十分明显。这是因为 pipelining 技术可以提升客户端的请求密度：客户端发送得更快了，在同样的时间内，进入 batch 的 Set 请求更多，batch 刷新的速度也就更快。

之前在 4.2 节介绍过，Redis 使用 pipelining 技术后，Set 操作的 rps 能达到 2 万。缓存服务与之相比，速度提高了 30%。

客户端的请求密度除了可以用 pipelining 技术来提升以外，也可以通过多客户端同时连接的方式来提升。让我们继续测试不使用 pipelining 技术，仅将客户端数量从 1 提高到 50 会有什么变化：

```
$ ./cache-benchmark -type tcp -n 100000 -r 100000 -t set -c 50
type is tcp
server is localhost
total 100000 requests
data size is 1000
we have 50 connections
operation is set
keyspacelen is 100000
pipeline length is 1
0 records get
0 records miss
100000 records set
0.932141 seconds total
92% requests < 1 ms
```

```
 98% requests < 2 ms
 99% requests < 3 ms
 99% requests < 4 ms
 99% requests < 5 ms
 99% requests < 6 ms
 99% requests < 7 ms
 99% requests < 8 ms
 99% requests < 9 ms
 99% requests < 12 ms
100% requests < 13 ms
429 usec average for each request
throughput is 107.279913 MB/s
rps is 107279.913324
```

可以看到，当客户端数量为 50 时，即使 pipeline 长度为 1，rps 也能达到 10 万，是客户端数量为 1 时的 11 倍。

Redis 在 50 个客户端并发的情况下的 Set 性能如下：

```
$ redis-benchmark -c 50 -n 100000 -d 1000 -t set -r 100000 -P 1
====== SET ======
  100000 requests completed in 1.28 seconds
  50 parallel clients
  1000 bytes payload
  keep alive: 1

99.61% <= 1 milliseconds
99.86% <= 2 milliseconds
99.88% <= 3 milliseconds
99.91% <= 5 milliseconds
99.93% <= 6 milliseconds
99.93% <= 8 milliseconds
```

```
99.93% <= 10 milliseconds
99.94% <= 14 milliseconds
99.95% <= 19 milliseconds
99.96% <= 22 milliseconds
99.96% <= 23 milliseconds
99.96% <= 24 milliseconds
99.97% <= 28 milliseconds
99.98% <= 29 milliseconds
99.98% <= 31 milliseconds
99.99% <= 32 milliseconds
100.00% <= 34 milliseconds
100.00% <= 34 milliseconds
78125.00 requests per second
```

和 1.4.4 节的单客户端的 1.6 万的 rps 相比，50 个客户端开发的 rps 仅提升至原来的 5 倍。这是因为 Redis 是一个单线程运行的服务，不能很好地利用系统的多核资源来处理多客户端并发。Go 语言的 goroutine 虽然在单客户端时的性能不如 Redis，但却可以充分利用多核的优势，在多客户端并发的情况下胜出。

## 5.5 小结

本章，我们介绍了 RocksDB 批量写入技术，并将其引入我们自己的缓存服务的实现中。批量写入的原理是尽量将多次写入操作合并成一次完成。磁盘 IO 的速度相比内存操作的速度要慢好几个数量级（微秒级 vs 毫秒级），减少磁盘操作的次数就意味着提升写入的性能。特别是当结合了 pipelining 技术或多客户端并发时，批量写入可以带来非常显著的写入性能提升。

在下一章，我们会去讨论一些可以提升缓存读取性能的手段。

# 第 6 章

# 异步操作

我们在第 5 章介绍了 RocksDB 的批量写入技术，以及如何将批量写入技术应用到缓存服务中。只需要改变 rocksdbCache 结构体的内部实现，Set 操作就能有 40% 以上的写入性能提升。

受到第 5 章成功经验的鼓舞，你可能会想，“如果 RocksDB 还支持批量读取，那我们的 Get 操作性能是否也可以得到提升？”回答是：不行。RocksDB 虽然有一个批量读取（MultiGet）功能，但是它不能让我们的读取性能得到提升。RocksDB 的 MultiGet 无法提升读取性能的原因很简单：我们在第 3 章说过，RocksDB 内部存储使用的是静态排序表 SST，而应用程序使用 MultiGet 读取的键不可能跟 SST 中键的顺序保持一致，RocksDB 终究要去各个不同的 SST 表文件中查询每一个单独的键，这些键在 API 层面是否批量给出并没有太大区别。（批量写入之所以有效果是因为 RocksDB 在写入的时候是不做排序直接写到 WAL 日志里的，另有线程在后台处理，将 WAL 合并到 SST 中。）

别担心，虽然在 RocksDB 的 API 里已经没有什么手段帮助我们提升读取效率了，我们还是可以自己动脑筋，在服务层面想想办法。本章将要介绍的异步操作就是这样一个非常好的点子。

## 6.1 异步操作能够提升读取性能的原理

在我们之前的实现中，服务端收到客户端的请求时，就会去调用 cache.Cache 接口提供的方法并将结果返回给客户端。这是一种同步的操作，服务端在 cache.Cache 的方法返回前都没有办法处理该 TCP 连接上的后续请求。这些后续请求会在服务端累积起来，等待服务，这样吞吐量就会下降。

异步操作是指当服务端收到请求时，它在一个新的 goroutine 里调用 cache.Cache 方法，这样原来的 goroutine 就可以立即开始处理来自该 TCP 连接的后续请求，见图 6-1。

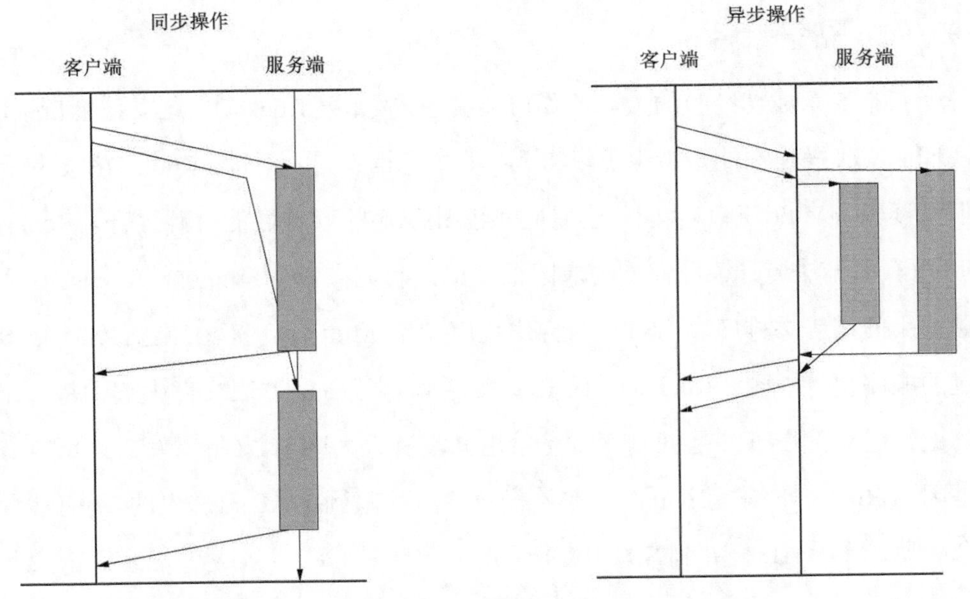


图 6-1 异步操作原理

和批量写入会破坏数据的实时一致性和隐藏真实结果一样，使用异步操作也有它的代价，那就是额外的实现复杂度和时间开销。

本来我们的服务端的实现就是收到请求——处理请求——返回响应，所有操作同步进行，实现起来非常直观，流程见图 6-2。

请求：a, b, c → 处理：a, 响应：123, 处理：b, 响应：456, 处理：c, 响应：789 → 接收：123456789

图 6-2　同步操作流程

客户端顺序发送请求 a、b、c 给服务端，服务端处理 a 并发送响应 123，处理 b 并发送响应 456，处理 c 并发送响应 789，客户端收到的响应就是 123456789。

现在我们每收到一个请求就需要创建一个新的 goroutine 来处理，这些 goroutine 完成以后不能自己直接发送响应给客户端，因为这会导致客户端收到互相夹杂（interleaved）的结果，见图 6-3。

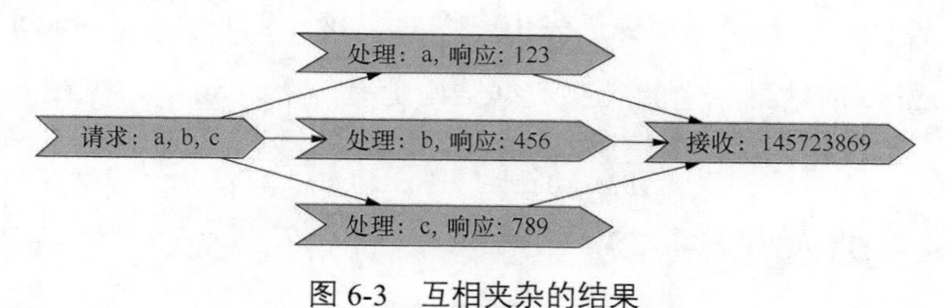


图 6-3　互相夹杂的结果

如果每个 goroutine 处理完请求便直接发送响应给客户端，客户端收到的结果有可能是互相夹杂的，导致客户端完全无法解析其中的内容。

我们需要一个 channel 来接收所有 goroutine 发送过来的结果并将响应依次发送给客户端。由于异步操作完成时间的不确定性，如果只是一个普通的接收响应的 channel，结果虽然不会互相夹杂，但是次序无法保证，如图 6-4 所示。

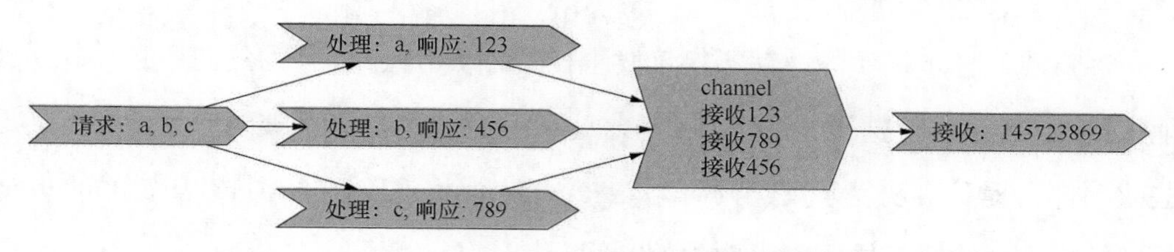


图 6-4　c 请求比 b 请求先处理好的结果

a 请求最先完成处理，并发送响应 123 给 channel，之后是 c 请求的响应 789，然后才是 b 请求的响应 456。客户端收到的次序就是 123789456。虽然每一个响应都可以被解析，但是它们的次序和请求的次序不一致，客户端就会将 789 错认成 b 请求的结果、456 错认成 c 请求的结果。这种不一致并不是无法接受的，只是实现复杂度会更高：需要增强我们的协议，增加一些能够让请求和响应一一对应的字段。然后客户端需要能够将每一个响应和对应的请求联系起来，这意味着我们的客户端会更复杂。是让服务端承担先进先出的职责还是让客户端承担一一对应的职责完全是协议的设计者决定。（比如 HTTP/1.1 协议在处理 pipelining 的时候就要求服务端保证先进先出的顺序，而 HTTP/2 协议则不是。）

本书的设计让服务端保证先进先出。为此，我们必须使用 channel 的 channel 来接收 goroutine 的结果。它的底层数据结构是另一个 channel，见图 6-5。

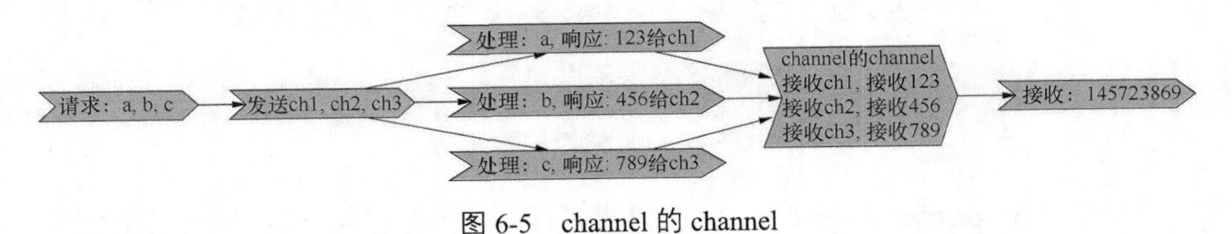


图 6-5　channel 的 channel

用来接收响应的普通 channel：ch1、ch2、ch3 会按照先进先出的顺序发送给接收 channel。之后的异步操作完成的次序就无关紧要了，接收 channel 首先收到的是 ch1，然后会等 ch1 中的响应数据收到后才去接收 ch2。这样就能保证客户端收到的结果跟发送的请求顺序一致。

注意我们异步操作的改动不仅仅发生在缓存 Get 操作，因为我们还必须确保其他操作的响应次序也不会被搅乱，所以 Set/Del 操作也都必须被改成异步操作。这些改动都会提升实现复杂度。同时，这些 goroutine 的创建和消亡以及用 channel 传递结果都会给缓存操作带来额外的时间开销。

所以，使用异步操作仅在以下两种情况下会对性能有比较明显的提升：

- RocksDB 的操作花的时间比较久，超过了 goroutine 创建和消亡的时间代价；
- 客户端的请求以比较高的密度发送过来，中间的间隔小于 RocksDB 的操作时间。

这两种情况的原因都很好理解。

（1）如果 RocksDB 的操作完成的速度很快，比创建一个新的 goroutine 还要快，那么很显然我们还不如就让这个操作直接在当前 goroutine 下运行。

（2）如果客户端的请求密度比较低，那么即使我们的服务端创建了新的 goroutine 去操作缓存，原来的 goroutine 还是只能无所事事地等待客户端的后续请求，直到异步的缓存操作完成，新的请求都还没到达，性能自然跟同步处理没什么区别。

可以看到这两个原因都跟 RocksDB 操作的时间有关，RocksDB 操作的时间越长，异步操作带给我们的性能提升就越大。这也是为什么我们的异步操作对 Set 请求的性能提升不明显，因为我们的 Set 操作在 rocksdbCache.Set 方法里面已经是异步操作了，只需要把键值对发送进一个 channel，速度非常快。

## 6.2 Go 语言实现

跟第 5 章相比，本章实现仅在 TCP 服务的部分实现有变化。

### TCP 包的实现

tcp.Server 的 process 方法是我们用来处理来自 TCP 连接的客户端请求的。在原来的实现中，它支持同步的操作，对来自客户端的 Get/Set/Del 请求都会在自己的 goroutine 中操作缓存并返回响应，后续请求必须等到前一个的响应写入 TCP 连接后才能开始处理。

本章将其转为异步操作，见例 6-1。

例 6-1　Server.process 方法的相关实现

```
type result struct {
        v []byte
        e error
}

func (s *Server) process(conn net.Conn) {
        r := bufio.NewReader(conn)
        resultCh := make(chan chan *result, 5000)
        defer close(resultCh)
        go reply(conn, resultCh)
        for {
                op, e := r.ReadByte()
                if e != nil {
                    if e != io.EOF {
                    log.Println("close connection due to error:", e)
                    }
                    return
                }
                if op == 'S' {
                        s.set(resultCh, r)
                } else if op == 'G' {
                        s.get(resultCh, r)
                } else if op == 'D' {
```

```
                        s.del(resultCh, r)
                } else {
                        log.Println("close connection due to
invalid operation:", op)
                        return
                }
        }
}
```

和之前的实现相比，我们需要额外创建一个 resultCh。它的类型是 chan chan *result。这个写法是在告诉 Go 编译器 resultCh 这个 channel 底层传递的数据结构的类型是 chan *result，而 chan *result 我们应该都很熟悉了，它是一个 channel，底层传递的数据结构类型是 result 结构体指针。在 Go 语言中，channel 本身也是一种类型，有它自己的实例。这意味着我们可以将 channel 作为底层数据结构在另一个 channel 中传递。这样做的好处是我们可以控制一系列异步发生的事件的次序，其原理已经在 6.1 节解释过了。

为了确保响应次序，我们使用了 channel 的 channel。每一个缓存操作 goroutine 都会有一个 chan *result，这些 chan *result 被插入 resultCh 的时机是同步的（也就是说这些 chan *result 插入的次序和收到客户端请求的次序保持一致）。我们不需要关心那些 goroutine 之间的完成次序，只需要从 resultCh 中取得下一个 chan *result，就能保证发回给客户端的响应的次序。我们用来接收 resultCh 并发送响应的 reply 函数实现见例 6-2。

**例 6-2　reply 函数**

```
func reply(conn net.Conn, resultCh chan chan *result) {
        defer conn.Close()
        for {
                c, open := <-resultCh
```

```
                if !open {
                        return
                }
                r := <-c
                e := sendResponse(r.v, r.e, conn)
                if e != nil {
                    log.Println("close connection due to error:", e)
                    return
                }
        }
}
```

Server.process 方法会在一个 goroutine 中运行 reply 函数。reply 函数会在一个无限循环中收取 resultCh，这是一个阻塞的调用，只在两种情况下返回：resultCh 中存在新的 chan *result 可读或 resultCh 被关闭。当 Server.process 方法返回时，它会关闭 resultCh，此时<-resultCh 返回的 open 为 false，reply 函数也会返回。收到新的 chan *result c 后，我们会调用<-c 等待缓存操作的结果，并将结果发送给客户端的 TCP 连接 conn。defer 声明确保当 reply 函数返回时，会将 conn 关闭。

缓存操作函数的实现见例 6-3。

**例 6-3 缓存操作函数的实现**

```
func (s *Server) get(ch chan chan *result, r *bufio.Reader) {
        c := make(chan *result)
        ch <- c
        k, e := s.readKey(r)
        if e != nil {
                c <- &result{nil, e}
                return
```

```
	}
	go func() {
		v, e := s.Get(k)
		c <- &result{v, e}
	}()
}

func (s *Server) set(ch chan chan *result, r *bufio.Reader) {
	c := make(chan *result)
	ch <- c
	k, v, e := s.readKeyAndValue(r)
	if e != nil {
		c <- &result{nil, e}
		return
	}
	go func() {
		c <- &result{nil, s.Set(k, v)}
	}()
}

func (s *Server) del(ch chan chan *result, r *bufio.Reader) {
	c := make(chan *result)
	ch <- c
	k, e := s.readKey(r)
	if e != nil {
		c <- &result{nil, e}
		return
	}
	go func() {
		c <- &result{nil, s.Del(k)}
	}()
}
```

这些函数都必须先创建一个自己的 chan *result 并将其发送进 resultCh。这一步骤是同步的，确保其次序跟收到请求的次序一致。之后从客户端的 TCP 连接中读取 command。处理缓存的操作被裹在一个 go func()代码块中。

func()代码块是 Go 语言的匿名函数语法，它定义了一个匿名函数对象。注意 func()本身是声明了数个函数的签名。后面的大括号内则是函数的定义，大括号后面再加上一对小括号才是真正运行了这个函数。和普通的函数定义和运行一样，func()的小括号中也可以声明函数的参数，此时在大括号后面用于运行的小括号中需要加入对应参数的变量。但是我们并不需要这么麻烦，匿名函数自动继承外部的所有可见变量。也就是说，我们可以直接在匿名函数内部使用 c、s、k、v 等变量。最后，go func()意味着这个匿名函数会被运行在一个新的 goroutine 中。

匿名函数用起来非常方便，除了可以被用在 goroutine 中以外，也可以被用于 defer 声明。当匿名函数在 goroutine 中启动后，上层函数就会返回。这样，Server.process 方法就能立刻开始处理下一个请求。

## 6.3 性能测试

在 6.1 节我们解释过异步读取会在较高的请求密度下带来较显著的性能提升，请求密度指的是单位时间内客户端发送的请求数量。我们在 5.4 节讨论过，可以通过改变 cache-benchmark 的 pipeline 长度来调整请求密度，pipeline 越长，请求密度就越高。作为比较，我们会测试当 pipeline 长度为 10 以及 100 时缓存 Get 操作的性能，并和上一章的结果进行对比。首先，让我们启动之前实现的缓存服务并运行 cache-benchmark：

```
$ ./cache-benchmark -type tcp -n 100000 -r 100000 -t get -P 10
type is tcp
server is localhost
total 100000 requests
data size is 1000
we have 1 connections
operation is get
keyspacelen is 100000
pipeline length is 10
86342 records get
13658 records miss
0 records set
5.769554 seconds total
98% requests < 1 ms
99% requests < 2 ms
99% requests < 3 ms
100% requests < 4 ms
555 usec average for each request
throughput is 14.965108 MB/s
rps is 17332.361472

$ ./cache-benchmark -type tcp -n 100000 -r 100000 -t get -P 100
type is tcp
server is localhost
total 100000 requests
data size is 1000
we have 1 connections
operation is get
keyspacelen is 100000
pipeline length is 100
86646 records get
13354 records miss
```

```
0 records set
4.646359 seconds total
33% requests < 4 ms
82% requests < 5 ms
91% requests < 6 ms
97% requests < 7 ms
99% requests < 8 ms
99% requests < 9 ms
99% requests < 10 ms
99% requests < 11 ms
100% requests < 15 ms
4479 usec average for each request
throughput is 18.648149 MB/s
rps is 21522.226720
```

接下来启动本章实现的缓存服务并再次运行 cache-benchmark：

```
$ ./cache-benchmark -type tcp -n 100000 -r 100000 -t get -P 10
type is tcp
server is localhost
total 100000 requests
data size is 1000
we have 1 connections
operation is get
keyspacelen is 100000
pipeline length is 10
86393 records get
13607 records miss
0 records set
3.893938 seconds total
99% requests < 1 ms
99% requests < 2 ms
```

```
99% requests < 3 ms
99% requests < 4 ms
99% requests < 7 ms
99% requests < 12 ms
100% requests < 15 ms
366 usec average for each request
throughput is 22.186538 MB/s
rps is 25680.944246

$ ./cache-benchmark -type tcp -n 100000 -r 100000 -t get -P 100
type is tcp
server is localhost
total 100000 requests
data size is 1000
we have 1 connections
operation is get
keyspacelen is 100000
pipeline length is 100
86489 records get
13511 records miss
0 records set
2.334266 seconds total
39% requests < 2 ms
96% requests < 3 ms
99% requests < 4 ms
99% requests < 5 ms
100% requests < 20 ms
2167 usec average for each request
throughput is 37.051912 MB/s
rps is 42840.027844
```

我们看到，当 pipeline 长度为 10 时，本章的 Get 操作性能提升约 40%。而当

pipeline 长度为 100 时，本章的 Get 操作性能提升一倍。

我们也可以通过增加并发客户端数量来提升请求密度。同 5.4 节一样，我们不使用 pipelining 技术，而是将并发客户端的数量从 1 增加到 50，看看会发生什么变化：

```
$ ./cache-benchmark -type tcp -n 100000 -r 100000 -t get -c 50
type is tcp
server is localhost
total 100000 requests
data size is 1000
we have 50 connections
operation is get
keyspacelen is 100000
pipeline length is 1
94971 records get
5029 records miss
0 records set
1.178032 seconds total
88% requests < 1 ms
96% requests < 2 ms
98% requests < 3 ms
99% requests < 4 ms
99% requests < 5 ms
99% requests < 6 ms
99% requests < 7 ms
99% requests < 8 ms
99% requests < 9 ms
99% requests < 10 ms
99% requests < 11 ms
99% requests < 12 ms
99% requests < 13 ms
```

```
99% requests < 14 ms
99% requests < 15 ms
99% requests < 16 ms
99% requests < 17 ms
99% requests < 19 ms
99% requests < 20 ms
99% requests < 21 ms
100% requests < 22 ms
554 usec average for each request
throughput is 80.618385 MB/s
rps is 84887.371033
```

效果十分显著，Get 操作的 rps 从 2.4 节的 1 万多增加到 8 万。将其与 Redis 对比，我们发现 50 个客户端并发的情况下，Redis 的 rps 只有 7 万：

```
$ redis-benchmark -c 50 -n 100000 -d 1000 -t get -r 100000 -P 1
====== GET ======
  100000 requests completed in 1.45 seconds
  50 parallel clients
  1000 bytes payload
  keep alive: 1

98.06% <= 1 milliseconds
100.00% <= 2 milliseconds
100.00% <= 2 milliseconds
69060.77 requests per second
```

## 6.4　小结

本章我们将缓存服务全部改成了异步操作。客户端请求密度越高，异步操作带来的性能提升就越大。

性能这个话题是永无止境的，软件、硬件、架构等诸多方面都会跟性能相关。本书关于性能的讨论主要集中在软件的实现部分，但是别忘了我们还可以用 SSD 代替普通磁盘来轻松提升读写性能，用服务集群代替单节点服务来轻松获取几十倍的网络吞吐量和容量的提升。

从本书的第 3 部分开始，我们将讨论缓存服务集群相关的话题。

# 第 3 部分

# 服 务 集 群

# 第7章 分布式缓存

本书的第1部分介绍了缓存服务各种基本功能的实现，第2部分着重提升单节点缓存的性能。现在我们进入了第3部分，服务集群的实现。

本章我们将主要讨论分布式缓存的概念，描述缓存集群相对单节点缓存的优势以及如何实现一个缓存集群。

## 7.1 为什么我们需要集群服务

用集群来提供服务有许多优点是单节点的服务无法相比的。

首先单节点的扩展性不好。我们知道网络吞吐量和缓存容量会受到硬件的限制，对于单节点来说，这个上限就是本机硬件接口的数量；而对于集群来说，它可以提供的硬件数量不受单块主板插槽数量的限制，只需要增加新的节点就可以了。

其次单节点性价比很低，一台高端设备能提供的服务往往弱于同样价钱多台低端设备组建的集群能提供的服务。

最后，集群的容错率高于单节点。一台服务器死机对于一个有 10 台服务器的集群来说损失了 10%的处理能力，但是对于单节点服务来说就是损失 100%的能力。

集群根据功能可以分为高可用性集群（high availability，HA）、负载均衡集群（load balancing）、高性能计算集群（high performance clusters，HPC）以及网格计算（grid computing）。缓存服务不涉及计算，所以缓存服务集群要求的通常是高可用性以及负载均衡。

高可用性指的是当集群中某个节点失效的情况下，对该节点的访问请求可以被转移到其他正常的节点上。而且对某个节点进行离线维护和再上线，整个集群的运行不受影响。

负载均衡指的是通过某种算法，将整体的工作负载均分到每个节点上。

集群根据结构可分为两种：同构集群和异构集群。同构集群的所有节点功能都相同，异构集群的节点具有不同的功能。在《分布式对象存储——原理、架构及 Go 语言实现》中实现的分布式对象存储就是一个异构集群，它具有接口服务节点和数据服务节点两种不同类型的节点，以分别实现 REST 接口和数据存储的功能。

本书实现的分布式缓存集群是一种同构集群，所有的节点功能完全相同，节点之间通过 gossip 协议互相更新状态，节点失效事件会在有限时间内扩散到整个集群，失效节点的负载会由其他有效节点承担，以达到高可用的目的。同样，当新增节点时，其他节点也会将自己的负载分出一部分给新节点。

## gossip 协议简介

gossip 协议是一种计算机与计算机之间互相通信的协议，它的原理借鉴了社交网络和传染病的传播方式。现代分布式系统在遇到以下两种问题时通常会选择采用 gossip 协议来作为节点间通信的协议：

- 通信需要跨越异质网络，节点之间不能两两互通；
- 分布式系统过于庞大以至于没有别的协议比 gossip 更高效。

gossip 协议满足以下几个条件：

- 协议核心包含定期的一对一的节点间通信；
- 通信的消息长度有限；
- 节点互动会导致某个节点的状态被更新到至少一个其他节点上；
- 不需要底层网络稳定；
- 通信频率较低，协议本身的开销可以忽略；
- 通信对象的选择具有随机性，可从全体节点中选出，也可以选自一个较小的相邻节点的集合；
- 消息会在节点间被复制，意味着传递的信息存在冗余。

本书实现的缓存服务使用了 HashiCorp 公司开源的第三方 Go 包 memberlist 作为 gossip 协议库。为了能成功编译本章源码，读者需要运行下列 go get 命令下载这个 Go 包：

```
go get github.com/hashicorp/memberlist
```

## 7.2 负载均衡和一致性散列

对于一般的集群来说，负载均衡功能的实现通常是在网络入口处配置一台或多台负载均衡节点，专门用来将客户端的请求重定向到实际的操作节点上。这样的做法不需要客户端和服务端了解负载均衡的实现方式，可以有效降低客户端和服务端实现的复杂度。代价则是额外的负载均衡节点和重定向的开销。

缓存服务集群却不能使用这种方法。缓存服务追求的是速度，响应一次请求可能也就几毫秒，重定向的开销对我们来说过大。所以缓存服务集群一般不会有这样一个额外的负载均衡节点，相对的，服务端和客户端就必须自己来实现负载均衡。

负载该由哪个节点承担需要对键进行一致性散列计算获得。如果某个服务节点接收到的请求不应由该节点处理，则该节点会拒绝该请求，并通知客户端正确的节点。

客户端需要在启动时随机访问一台缓存节点，获取集群所有节点列表并对自己操作的每一个键计算一致性散列来决定访问哪个节点。通常情况下，集群是稳定的，客户端的请求总是被发送给正确的节点。特殊情况发生时，比如有节点死机维护或新节点上线、客户端的某个请求会发生超时或连接关闭或被服务端拒绝，此时客户端需要重新获取集群所有节点列表并重新计算一致性散列。

一致性散列是一种特殊的散列表，每次当它需要重新分配大小时，需要重新映射的键的平均数仅有 $K/n$ 个，其中 $K$ 是键的总数，$n$ 是对应的节点数。而传统的散列表重新分配大小时，绝大多数键需要重新分配，因为传统散列表的键对应的节点由其散列值对节点总数取模决定，见图 7-1。

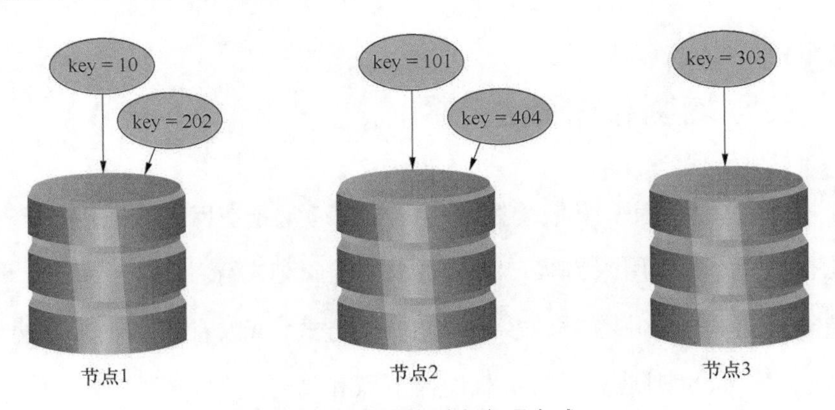


图 7-1　传统散列表实现方式

假设一开始有 3 个节点，ID 分别是 1、2 和 3，有 5 个键，散列值为 10、101、202、303 和 404。那么传统散列表的分配方式是将键的散列值对 3 取模，余数决定了该键应该由哪个节点处理，结果见图 7-1。

现在假设又多了一个节点，ID 为 4，此时原先的 5 个散列值需要对 4 取模，结果见图 7-2：

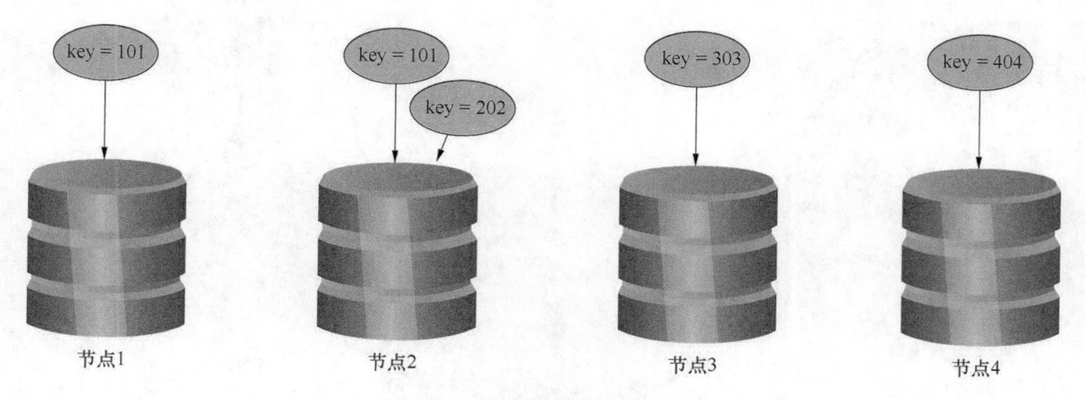


图 7-2　传统散列表新增节点

可以看到由于模数发生了变化，大多数键的取模余数也会变化。这意味着每次当集群新增或删除节点时，大部分的键都会被映射到别的节点上，反映到缓存服务上就是大多数缓存立即失效。

一致性散列可以极大地减少需要重新映射的键的数量，它的实现方式见图 7-3。

一致性散列的实现方式可以被看成一个环，所以一致性散列通常也被成为散列环。在一致性散列中，节点 ID 和 key 一样需要进行散列计算，以决定自己在环上的位置，如图 7-3 所示。计算散列值的散列函数是由算法决定的，不受节点总数变化的影响，这彻底避免了节点总数变化导致余数变化的问题。两个相邻节点的散列值决定一个半开半闭区间的范围，落在这个范围内的键由闭节点负责处理。

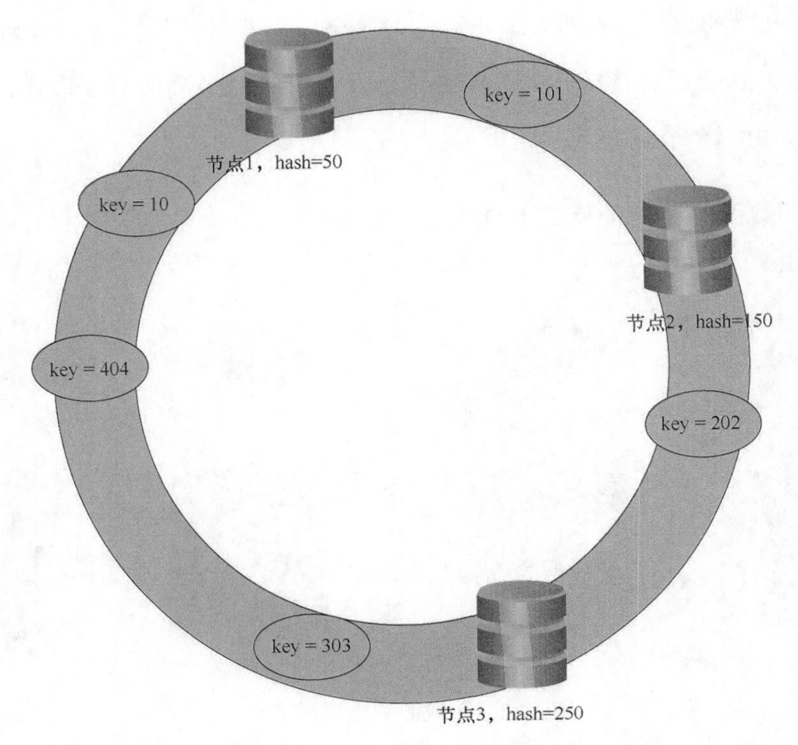


图 7-3　一致性散列的实现方式

比如，假设 3 个节点的散列值分别为 50、150 和 250，那么它们将整个散列环分成 3 个区间，分别是[50, 150]、[150, 250)、[250, 50)，那么，散列值为 101 的键落在第一个区间，由节点 1 处理；202 落在第二个，由节点 2 处理；303、404 和 10 落在第三个，由节点 3 处理。

散列函数的结果取值范围是全体 32 位正整数，在计算机中可以表示成[0, $2^{32}-1$]。（注意这个取值范围只是目前大多数一致性散列实现成这样而已，不排除今后有新的实现使用其他的取值范围。）向上跨越正整数边界将会回到 0 开始继续递增，所以被称为环。我们第 3 个区间就是这样形成的。

现在我们假设新的节点 4 加入集群，它的散列值为 350，见图 7-4。

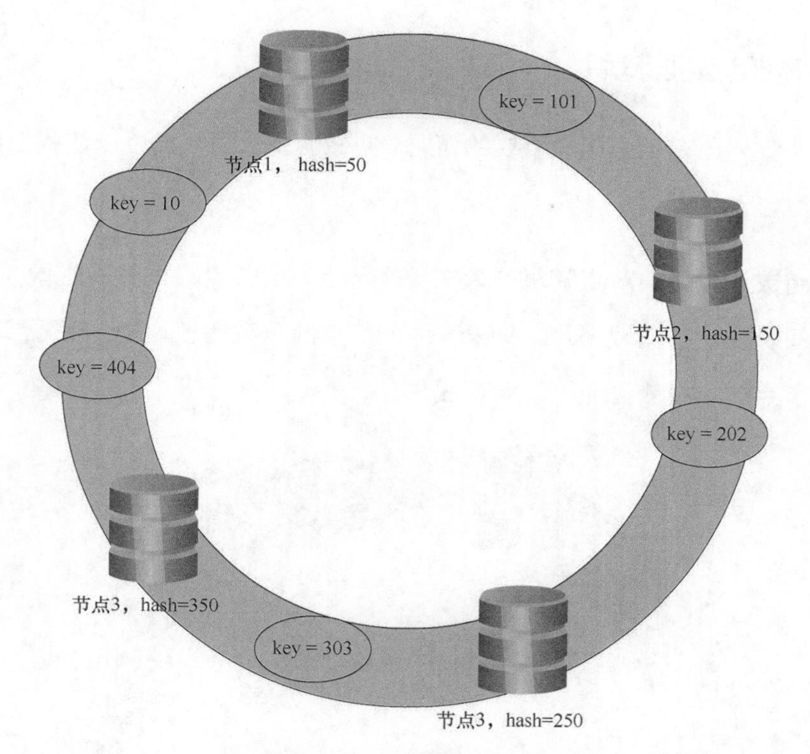


图 7-4　一致性散列增加新节点

此时，原来的 3 个区间变成了 4 个，但是只有散列值为 10 和 404 的两个 key 需要重新映射到节点 4 上，其他键的映射节点都保持不变。同理，如果我们将节点 2 移出集群，只有散列值为 202 的键需要被重新映射到节点 1 上，其他键的映射节点保持不变。

散列表就是键和节点之间的映射关系。传统散列表将节点总数作为计算映射关系的算法的参数，节点总数发生变化意味着算法的参数发生了变化，从而导致大多数键的映射结果发生变化。一致性散列令节点也计算散列值，从算法参数中移除了节点总数，所以新增或删除节点的影响范围就仅限于该节点跟相邻节点形成的区间。

## 一致性散列的虚拟节点

一致性散列还有一个比较重要的概念，叫做虚拟节点，它可以让我们的负载分散得更加均匀。

散列函数让我们的节点随机分散在整个环上。当节点数很多的时候，相邻节点之间的区间长度就会比较平均，意味着每个节点的负载比较均衡。然而当节点数比较少时，节点的负载就可能不均衡，见图 7-5。

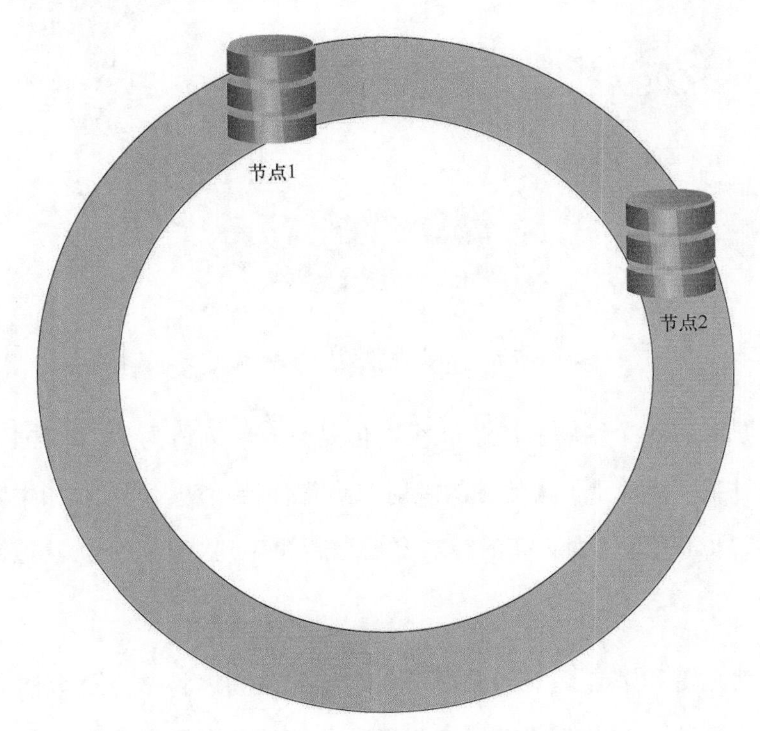


图 7-5　没有虚拟节点的一致性散列

当我们的集群只有节点 1 时，所有的负载都由它承担没问题。现在我们要新加一个节点 2，由于散列函数的随机性，节点 2 出现在环上各个位置的概率都是一样的，所以很可能就出现图 7-5 这样的状况，两个节点之间离的很近。此时，节点 1

只需要负责 25%的负载，而节点 2 需要负责 75%。

解决方案是使用虚拟节点，见图 7-6。

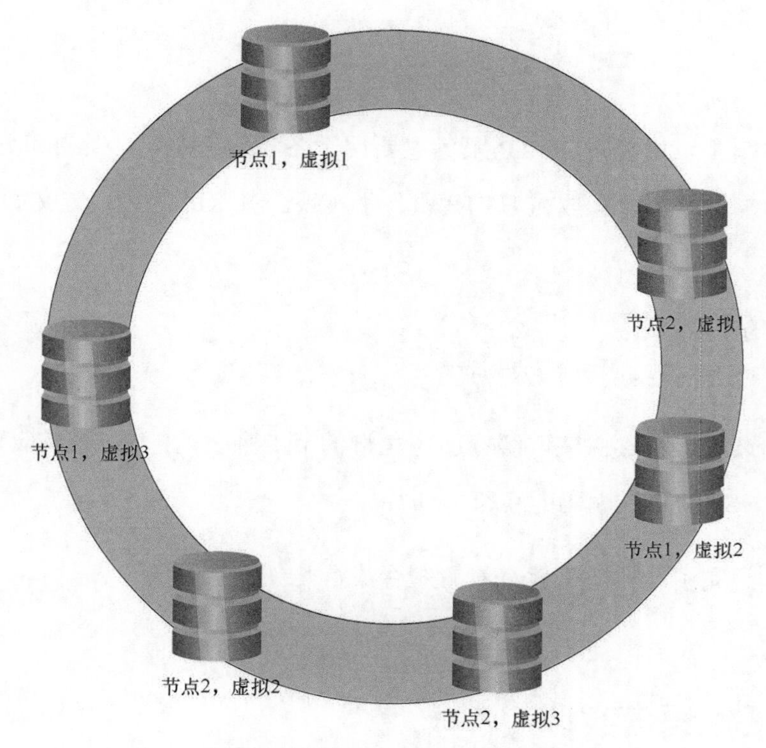


图 7-6　使用虚拟节点的一致性散列

如果我们让每个节点拥有 3 个虚拟节点，那么新增节点 2 会让虚拟节点数增加到 6 个。每个虚拟节点都随机分配，虚拟节点数越多，最终的负载分布就越平衡。

本书实现的缓存服务使用了第 3 方 Go 包 consistent 作为我们的一致性散列库。为了能成功编译本章源码，读者需要运行下列 go get 命令下载这个 Go 包：

```
go get stathat.com/c/consistent
```

# 7.3 获取节点列表的接口

## REST 接口

我们在第 1 章提到过 HTTP 服务主要用于各种管理功能，比如获取集群节点列表这样的工作就很适合放在 HTTP 服务里实现。其 REST 接口定义如下：

```
GET /cluster
```

响应正文

- JSON 格式的集群节点列表

客户端通过这个接口获取缓存服务集群的节点列表，在 HTTP 响应正文中返回的内容是以 JSON 格式编码的字符串切片。

接口介绍完了，接下来就来看看缓存集群是如何实现的。

# 7.4 Go 语言实现

## 7.4.1 main 函数的实现

为了支持集群设置，main 函数需要解析额外的命令行参数，见例 7-1。

例 7-1 main 函数

```go
func main() {
	typ := flag.String("type", "inmemory", "cache type")
	node := flag.String("node", "127.0.0.1", "node address")
	clus := flag.String("cluster", "", "cluster address")
	flag.Parse()
```

```
        log.Println("type is", *typ)
        log.Println("node is", *node)
        log.Println("cluster is", *clus)
        c := cache.New(*typ)
        n, e := cluster.New(*node, *clus)
        if e != nil {
                panic(e)
        }
        go tcp.New(c, n).Listen()
        http.New(c, n).Listen()
}
```

node 参数用来表示本节点地址，cluster 参数用来表示需要加入的集群的某个节点地址。本节点启动后会向集群节点发送消息通知自己的存在。由于 gossip 协议的特性，集群内的任何节点接收到新节点信息后都会逐渐扩散让整个集群知晓，所以 cluster 参数具体选择哪个节点无关紧要，只需要是集群内已经存在的一个节点即可。

cluster.New 函数用来创建一个 cluster.Node 接口 n，这个接口和 cache.Cache 接口 c 一并作为参数传递给 tcp.New 和 http.New 函数。cluster 包的实现见 7.4.2 节。

### 7.4.2　cluster 包的实现

cluster 包使用了之前介绍过的 gossip 和一致性散列的实现库，用来给缓存服务提供集群相关的功能。它把一切实现相关的细节隐藏在 Node 接口之后，Node 接口的定义见例 7-2。

**例 7-2　Node 接口**

```
type Node interface {
```

```
        ShouldProcess(key string) (string, bool)
        Members() []string
        Addr() string
}
```

Node 接口提供 3 个方法：ShouldProcess 接收一个 string 类型的参数 key，用来告诉节点该 key 是否应该由自己处理；Members 方法用来提供整个集群的节点列表；Addr 方法用来获取本节点地址。

实现 Node 接口的是 node 结构体，其相关实现见例 7-3。

**例 7-3 node 结构体的相关实现**

```
type node struct {
        *consistent.Consistent
        addr string
}

func (n *node) Addr() string {
        return n.addr
}

func (n *node) ShouldProcess(key string) (string, bool) {
        addr, _ := n.Get(key)
        return addr, addr == n.addr
}
```

node 结构体内嵌 consistent.Consistent 结构体指针，该结构体的实现在 consistent 包里。成员 addr 用来记录本节点地址，Addr 方法就是通过返回它来让外部调用者获取本节点地址。

ShouldProcess 方法调用内嵌结构体 consistent.Consistent 的 Get 方法来获取可以

处理这个 key 的节点地址。它有两个返回值，第一个返回值是处理 key 的节点地址，第二个返回值的类型是 bool。如果本节点就可以处理返回 true，否则返回 false。

细心的读者可能已经发现了我们的 node 结构体没有实现 Members 方法，这是因为该方法被实现在 consistent.Consistent 结构体上，node 结构体通过内嵌完美继承了这个方法，不需要额外的函数定义。

New 函数首先通过 memberlist.DefaultLANConfig 函数创建了一个 memberlist.Config 结构体指针 conf，内含一些配置的默认选项，见例 7-4。memberlist 提供了 3 个类似的函数来生成默认配置项，分别是用于局域网（Local Area Network，LAN）的 DefaultLANConfig、用于广域网（Wide Area Network，WAN）的 DefaultWANConfig 以及用于本地回环设备的 DefaultLocalConfig。缓存服务通常建立在局域网上以供其他服务使用，这里我们使用 DefaultLANConfig。

**例 7-4　New 函数**

```
func New(addr, cluster string) (Node, error) {
        conf := memberlist.DefaultLANConfig()
        conf.Name = addr
        conf.BindAddr = addr
        conf.LogOutput = ioutil.Discard
        l, e := memberlist.Create(conf)
        if e != nil {
                return nil, e
        }
        if cluster == "" {
                cluster = addr
        }
        clu := []string{cluster}
        _, e = l.Join(clu)
```

```
		if e != nil {
				return nil, e
		}
		circle := consistent.New()
		circle.NumberOfReplicas = 256
		go func() {
				for {
						m := l.Members()
						nodes := make([]string, len(m))
						for i, n := range m {
								nodes[i] = n.Name
						}
						circle.Set(nodes)
						time.Sleep(time.Second)
				}
		}()
		return &node{circle, addr}, nil
}
```

默认选项创建好以后我们将节点名字 conf.Name 以及 gossip 监听地址 conf.BindAddr 都设置成 addr 参数的值，也就是命令行参数中的本节点地址，并将日志输出器 conf.LogOutput 设置为 ioutil.Discard。ioutil.Discard 实现了 Write 方法，任何写入操作都会成功且内容会被直接丢弃，这使得我们的控制终端免于被 memberlist 的日志刷屏。

配置项改好后，我们调用 memberlist.Create 函数创建了 memberlist.Memberlist 结构体指针 l，并调用其 Join 方法加入集群。Join 方法的参数是一个 string 的切片，里面只有一个元素，就是命令行参数指定的集群节点。如果该参数为空，我们会将本机地址作为集群节点，这意味着本节点将是集群的唯一节点。

调用 consistent.New 函数创建 consistent.Consistent 结构体指针 circle。在该函数内部我们会设置 circle 的成员 NumberOfReplicas，它就是每个节点的虚拟节点的数量，默认为 20。当节点数较少时，20 个虚拟节点还不能做到较好的负载均衡，所以将其改为 256。

之后，我们创建一个 goroutine 运行匿名函数，每隔 1s 将 memberlist. Memberlist. Members 方法提供的集群节点列表 m 更新到 circle 中。

### 7.4.3 HTTP 包的实现

http.Server 结构体需要新增一个 handler 用来处理/cluster 接口，见例 7-5。

**例 7-5　Server 结构体的相关实现**

```
type Server struct {
	cache.Cache
	cluster.Node
}

func (s *Server) Listen() {
	http.Handle("/cache/", s.cacheHandler())
	http.Handle("/status", s.statusHandler())
	http.Handle("/cluster", s.clusterHandler())
	http.ListenAndServe(s.Addr()+":12345", nil)
}

func New(c cache.Cache, n cluster.Node) *Server {
	return &Server{c, n}
}
```

Server 结构体额外内嵌了一个 cluster.Node 接口用来访问集群节点列表。

s.clusterHandler 方法返回一个 clusterHandler 结构体指针，Server.Listen 方法将其注册为/cluster 接口的处理者，且调用 http.ListenAndServe 函数时会特意将其绑定到以 s.Addr 方法提供的本节点地址上。clusterHandler 结构体的实现见例 7-6。

例 7-6 clusterHandler 结构体的相关实现

```
type clusterHandler struct {
        *Server
}

func (h *clusterHandler) ServeHTTP(w http.ResponseWriter, r *http.
Request) {
        if r.Method != http.MethodGet {
                w.WriteHeader(http.StatusMethodNotAllowed)
                return
        }
        m := h.Members()
        b, e := json.Marshal(m)
        if e != nil {
                log.Println(e)
                w.WriteHeader(http.StatusInternalServerError)
                return
        }
        w.Write(b)
}

func (s *Server) clusterHandler() http.Handler {
        return &clusterHandler{s}
}
```

和其他 handler 一样，clusterHandler 内嵌 Server 结构体指针。其 ServeHTTP 方法调用的 Members 方法需要一路追溯至 consistent.Consistent 结构体。其返回的

字符串切片经过 JSON 编码后写入 HTTP 响应的正文。

### 7.4.4 TCP 包的实现

和 http.Server 类似，tcp.Server 结构体也需要额外内嵌一个 cluster.Node 接口。它的 Listen 方法也需要绑定本节点地址。Server 结构体的相关实现见例 7-7。

例 7-7　Server 结构体的相关实现

```
type Server struct {
        cache.Cache
        cluster.Node
}

func (s *Server) Listen() {
        l, e := net.Listen("tcp", s.Addr()+":12346")
        if e != nil {
                panic(e)
        }
        for {
                c, e := l.Accept()
                if e != nil {
                        panic(e)
                }
                go s.process(c)
        }
}

func New(c cache.Cache, n cluster.Node) *Server {
        return &Server{c, n}
}
```

在解析客户端发来的 command 时，我们需要对键进行检查，看该键是否应该由本节点处理，见例 7-8。

例 7-8 读取 key 后用 ShouldProcess 检查

```
func (s *Server) readKey(r *bufio.Reader) (string, error) {
        klen, e := readLen(r)
        if e != nil {
                return "", e
        }
        k := make([]byte, klen)
        _, e = io.ReadFull(r, k)
        if e != nil {
                return "", e
        }
        key := string(k)
        addr, ok := s.ShouldProcess(key)
        if !ok {
            return "", errors.New("redirect " + addr)
        }
        return key, nil
}

func (s *Server) readKeyAndValue(r *bufio.Reader) (string, []byte,
error) {
        klen, e := readLen(r)
        if e != nil {
                return "", nil, e
        }
        vlen, e := readLen(r)
        if e != nil {
                return "", nil, e
```

```
        }
        k := make([]byte, klen)
        _, e = io.ReadFull(r, k)
        if e != nil {
                return "", nil, e
        }
        key := string(k)
        addr, ok := s.ShouldProcess(key)
        if !ok {
                return "", nil, errors.New("redirect " + addr)
        }
        v := make([]byte, vlen)
        _, e = io.ReadFull(r, v)
        if e != nil {
                return "", nil, e
        }
        return key, v, nil
}
```

如果该键不应由本节点处理，服务端会返回一个“redirect <新节点地址>”的错误，客户端就能意识到需要重新读取集群节点。

注意我们并没有在 HTTP 服务中进行这个检查。HTTP 服务的定位是管理使用，如果管理员决定将某个键值对插入任意节点，使用 HTTP 服务可以让他绕过这个检查。

分布式缓存的 Go 语言实现介绍完了，接下来是功能演示。

## 7.5　功能演示

启动本章缓存服务的命令如下：

```
$ ./server -node 1.1.1.1
```

这是第一个节点，它没有集群可以加入，所以不需要指定 cluster 命令行参数。它的节点地址是 1.1.1.1。我们可以用 netstat 查看它在 1.1.1.1 地址上监听的端口：

```
$ netstat -tnlp | grep 1.1.1.1
(Not all processes could be identified, non-owned process info
 will not be shown, you would have to be root to see it all.)
tcp    0    0 1.1.1.1:12345    0.0.0.0:*    LISTEN    29089/server
tcp    0    0 1.1.1.1:12346    0.0.0.0:*    LISTEN    29089/server
tcp    0    0 1.1.1.1:7946     0.0.0.0:*    LISTEN    29089/server
```

12345 是 HTTP 服务监听端口，123456 是 TCP 服务的监听端口，7946 是 memberlist 的 gossip 协议监听端口。

现在，让我们启动第二个节点：

```
$ ./server -node 1.1.1.2 -cluster 1.1.1.1
```

这个节点的地址是 1.1.1.2，cluster 命令行参数让它加入第一个节点的集群。

我们可以在任意节点上查看集群的节点列表：

```
$ curl 1.1.1.1:12345/cluster
["1.1.1.2","1.1.1.1"]
```

我们使用 TCP 客户端向节点 1.1.1.1 发送缓存 Set 操作，键分别是 keya、keyb、keyc、keyd、keye：

```
$ ./client -h 1.1.1.1 -c set -k keya -v a
error: redirect 1.1.1.2
$ ./client -h 1.1.1.1 -c set -k keyb -v b
error: redirect 1.1.1.2
```

```
$ ./client -h 1.1.1.1 -c set -k keyc -v c
error: redirect 1.1.1.2
$ ./client -h 1.1.1.1 -c set -k keyd -v d
d
$ ./client -h 1.1.1.1 -c set -k keye -v e
e
```

从结果上看，keya、keyb、keyc 应由节点 1.1.1.2 处理，keyd 和 keye 应由节点 1.1.1.1 处理。现在我们再增加一个节点 1.1.1.3：

```
$ ./server -node 1.1.1.3 -cluster 1.1.1.2
```

查看 key 的结果：

```
$ ./client -h 1.1.1.1 -c set -k keya -v a
error: redirect 1.1.1.3
$ ./client -h 1.1.1.1 -c set -k keyb -v b
error: redirect 1.1.1.3
$ ./client -h 1.1.1.1 -c set -k keyc -v c
error: redirect 1.1.1.2
$ ./client -h 1.1.1.1 -c set -k keyd -v d
d
$ ./client -h 1.1.1.1 -c set -k keye -v e
e
```

我们发现只有 keya 和 keyb 被重映射到新的节点 1.1.1.3，其他键都保持不变。

如果我们让节点 1.1.1.1 停止服务，集群的其他节点就会检测到 1.1.1.1 下线并自动调整负载：

```
$ ./client -h 1.1.1.2 -c set -k keya -v a
error: redirect 1.1.1.3
$ ./client -h 1.1.1.2 -c set -k keyb -v b
```

```
error: redirect 1.1.1.3
$ ./client -h 1.1.1.2 -c set -k keyc -v c
c
$ ./client -h 1.1.1.2 -c set -k keyd -v d
d
$ ./client -h 1.1.1.2 -c set -k keye -v e
error: redirect 1.1.1.3
```

由于 1.1.1.1 下线了，我们对节点 1.1.1.2 发送 Set 操作。我们看到 keya、keyb、keyc 的映射节点保持不变，原本由 1.1.1.1 处理的 keyd 和 keye 现在分别由节点 1.1.1.2 和 1.1.1.3 处理。

## 7.6 小结

本章实现了缓存的集群服务。跟单节点服务相比，集群服务可以提供更高的容量和网络带宽。同时，集群还具备高可用和负载均衡的功能：高可用意味着当集群中有节点下线时，该节点的负载会自动由其他节点接手；负载均衡意味着集群的总负载会平均地分摊到每个节点上。

我们利用 gossip 协议来进行节点间通信，同时使用一致性散列来计算负载均衡。当节点总数发生变化时，一致性散列需要重新映射的键比传统散列表少得多，平均为 $K/n$。举例来说，假设一个具有 4 个节点的集群缓存了 100 万个键，如果要新增 1 个节点，那么将有 20 万左右的键需要被映射到新节点上。如果我们不做任何处理，意味着这些键立即就会缓存失效（因为拥有它们的节点会拒绝对它们的 Get 请求，而新节点里又没有它们的记录）。

分布式系统的 CAP 理论证明了一致性 Consistency、可用性 Availability 和分区容错性 Partition tolerance 不可能被一个分布式系统同时满足：

- 一致性意味着每一次读取要么得到最新的结果，要么得到一个错误；
- 可用性意味着每一次成功的读取都可以得到一个结果，但不保证是最新的；
- 分区容错性意味着在集群节点无法互通的情况下依然能对外提供服务。

我们的缓存服务集群可以保证分区容错性，因为我们不需要去其他节点获取数据，缓存服务使用的都是当前节点的本地数据，无法互通的集群节点可以独立对外提供服务。

我们也可以保证可用性。当集群状态发生改变的时候（如节点死机或新节点上线），键的映射关系也会发生变化，但总有一个节点可以提供服务。

我们无法保证的是一致性。前一秒 Set 的键值对，后一秒再去访问可能就因为键的映射关系变了而被拒绝服务，我们去新节点访问的时候得到的可能就不是最新的值。

为了解决这个问题，我们会在下一章介绍一种技术，该技术能够将这些键从老节点转移至新节点上。这样，当客户端需要 Get 这些键时，新节点能够提供服务，而老节点的缓存资源也将释放。

# 第 8 章

# 节点再平衡

我们在第 7 章实现了缓存服务集群。当集群的容量逐渐不能满足系统要求时，我们需要对其扩容，扩容的方法是增加新的节点。然而新增节点一开始是空的，而老节点几乎是满的，此时我们就需要节点再平衡，将老节点上的缓存迁移一部分到新节点上。

本章将讨论节点再平衡的技术细节并实现节点再平衡的功能。

## 8.1 节点再平衡的技术细节

当新节点加入集群时，需要被迁移的缓存由一致性数列计算得出。假设原来的集群有 $n$ 个节点，总共缓存了 $K$ 个键，那么平均每个节点上有 $K/n$ 个键。现在新加入 $m$ 个节点，那么当再平衡结束后，平均每个节点上应有 $K/(n+m)$个键。也就是说，每个节点平均有 $K/n-K/(n+m)$个键需要被移到新节点上。那么总共就有 $n*(K/n-K/(n+m))$，也就是 $m*K/(n+m)$个键需要被移到 $m$ 个新节点上，正好每个新节点平均接收 $K/(n+m)$个键。这意味着不可能有任何键是从老节点转移到另一个老节点上。（事实上，我们从图 7-3 和图 7-4 上也可以看出，在数列环上新增节点只会让原

本要落到后置位某个老节点上的键落到新节点上，绝不会落到其他老节点上）

所以，要实现节点再平衡，我们只需要在集群加入新节点后，在每个老节点上遍历其缓存的所有键，用一致性散列计算找出需要被迁移的键，将它们复制到对应的新节点上，最后从本节点删除即可。

# 8.2 节点再平衡的接口

## REST 接口

我们会在 HTTP 服务上实现节点再平衡功能的接口。

```
POST /rebalance
```

客户端通过 HTTP 的 POST 方法访问该接口，通知缓存节点开始再平衡过程。该接口始终返回 HTTP 错误代码 200 OK。收到请求的服务端会在一个新的 goroutine 中运行再平衡函数。

节点再平衡的接口介绍完了，接下来让我们看看它是如何实现的。

# 8.3 Go 语言实现

## 8.3.1 HTTP 包的实现

和/cluster 接口一样，/rebalance 接口也有一个新的 handler 来处理，见例 8-1。

例 8-1　Server.Listen 方法

```
func (s *Server) Listen() {
```

```
		http.Handle("/cache/", s.cacheHandler())
		http.Handle("/status", s.statusHandler())
		http.Handle("/cluster", s.clusterHandler())
		http.Handle("/rebalance", s.rebalanceHandler())
		http.ListenAndServe(s.Addr()+":12345", nil)
	}
```

s.rebalanceHandler 方法返回的是一个 http.Handler 接口，用来处理 REST 接口 /rebalance 上的请求，见例 8-2。

**例 8-2 rebalanceHandler 结构体的相关实现**

```
	type rebalanceHandler struct {
		*Server
	}

	func (h *rebalanceHandler) ServeHTTP(w http.ResponseWriter, r *http.
 Request) {
		if r.Method != http.MethodPost {
			w.WriteHeader(http.StatusMethodNotAllowed)
		}
		go h.rebalance()
	}

	func (h *rebalanceHandler) rebalance() {
		s := h.NewScanner()
		defer s.Close()
		c := &http.Client{}
		for s.Scan() {
			k := s.Key()
			n, ok := h.ShouldProcess(k)
			if !ok {
```

```
                                r, _ := http.NewRequest(http.MethodPut,
"http://"+n+":12345/cache/"+k, bytes.NewReader(s.Value()))
                                c.Do(r)
                                h.Del(k)
                        }
                }
        }

        func (s *Server) rebalanceHandler() http.Handler {
                return &rebalanceHandler{s}
        }
```

rebalanceHandler 结构体实现 http.Handler 接口，它的 ServeHTTP 方法只允许客户端以 POST 方法调用/rebalance 接口，并在新的 goroutine 中运行 rebalance 方法。

rebalance 方法调用 cache.Cache.NewScanner 方法获取一个 cache.Cache.Scanner 接口 s。这个 Scanner 是缓存的遍历器，可以用 Scan 方法遍历自身的每一个键值对。我们在 for 循环中进行遍历，如果 cluster.Node.ShouldProcess 方法告诉我们这个键不应该由本节点处理，那么我们会通过 HTTP 访问新节点的 cache 接口，将这个键值对插入新节点，然后调用 cache.Cache.Del 方法从自身缓存中删除。

当 s 完成遍历，它的 Scan 方法会返回 false。此时 for 循环结束，rebalance 方法退出前会关闭 s。

遍历器的实现在 cache 包中，见 8.3.2 节。

## 8.3.2　cache 包的实现

Cache 接口新增一个 NewScanner 方法，它返回一个 Scanner 接口，见例 8-3。

例 8-3　Cache、Scanner 接口定义

```
type Cache interface {
        Set(string, []byte) error
        Get(string) ([]byte, error)
        Del(string) error
        GetStat() Stat
        NewScanner() Scanner
}

type Scanner interface {
        Scan() bool
        Key() string
        Value() []byte
        Close()
}
```

Scanner 接口的 Scan 方法返回一个 bool 值，如果返回 true 意味着后续还有未遍历的键值对，如果返回 false 则意味着遍历结束。Key 和 Value 方法分别用于访问当前键值对的 key 和 value。Close 方法用于终止遍历。

inMemoryCache 和 rocksdbCache 都必须实现这些新接口，inMemoryCache 实现见例 8-4，rocksdbCache 实现见例 8-5。

例 8-4　inMemoryCache 实现新接口

```
type inMemoryScanner struct {
        pair
        pairCh  chan *pair
        closeCh chan struct{}
}
```

```
func (s *inMemoryScanner) Close() {
	close(s.closeCh)
}

func (s *inMemoryScanner) Scan() bool {
	p, ok := <-s.pairCh
	if ok {
		s.k, s.v = p.k, p.v
	}
	return ok
}

func (s *inMemoryScanner) Key() string {
	return s.k
}

func (s *inMemoryScanner) Value() []byte {
	return s.v
}

func (c *inMemoryCache) NewScanner() Scanner {
	pairCh := make(chan *pair)
	closeCh := make(chan struct{})
	go func() {
		defer close(pairCh)
		c.mutex.RLock()
		for k, v := range c.c {
			c.mutex.RUnlock()
			select {
			case <-closeCh:
				return
			case pairCh <- &pair{k, v}:
```

```
                    }
                    c.mutex.RLock()
                }
                c.mutex.RUnlock()
        }()
        return &inMemoryScanner{pair{}, pairCh, closeCh}
}
```

inMemoryScanner 结构体实现了 Scanner 接口，它内嵌了 pair 结构体并拥有两个成员 channel，分别是用于接收 pair 结构体指针的 pairCh 和用来终止遍历的 closeCh。

inMemoryScanner 的 Close 方法会关闭 closeCh。此时，closeCh 的接收端将从阻塞中被唤醒。

inMemoryScanner 的 Scan 方法从 pairCh 中读取一个 pair 结构体指针 p 和一个 bool 变量 ok。当 pairCh 被关闭时，读到的 p 为 nil、ok 为 false。Scan 方法返回 ok，调用者就知道遍历结束。

inMemoryCache 的底层是一个 map 数据结构，和一些其他语言不一样，Go 语言的 map 没有遍历器接口，我们只能用 range 来遍历 map。所以每次当我们调用 inMemoryCache 的 NewScanner 方法时，它就会在一个新的 goroutine 中运行匿名函数，用 range 来遍历 map 成员 c，并将当前遍历的键值对发送到 pairCh 中。

匿名函数在 range map 时使用了 select 控制结构，分支的进入条件分别是 closeCh 可读和 pairCh 可写。注意 pairCh 是一个无缓冲的 channel，所以如果没有人调用对应 inMemoryScanner 的 Scan 方法时，pairCh 不可写。如果没有人调用对应 inMemoryScanner 的 Close 方法，closeCh 不可读。那么此时整个 select 控制结构就会阻塞。所以我们要在进入 select 控制结构之前将 mutex 解锁，继续下一个 range 调用时重新加锁。

匿名函数会在 range 遍历完成或从 closeCh 的阻塞中唤醒时退出，退出前会将 pairCh 关闭。

这种用两个 channel 互相关闭从而在两个 goroutine 之间通信的方式在 Go 语言中是十分常见的并发控制手段。select 控制结构在其中起到了至关重要的作用。掌握了这两点，Go 语言的并发就不再是难题了。

inMemoryCache 需要将 map 的 range 适配为对 Scanner 接口的调用。所以我们实现起来会复杂一些。rocksdbCache 的实现则简单很多，因为 RocksDB 的 API 就已经提供了类似的遍历器接口，见例 8-5。

例 8-5　rocksdbCache 实现新接口

```
type rocksdbScanner struct {
	i           *C.rocksdb_iterator_t
	initialized bool
}

func (s *rocksdbScanner) Close() {
	C.rocksdb_iter_destroy(s.i)
}

func (s *rocksdbScanner) Scan() bool {
	if !s.initialized {
			C.rocksdb_iter_seek_to_first(s.i)
			s.initialized = true
	} else {
			C.rocksdb_iter_next(s.i)
```

```
        }
        return C.rocksdb_iter_valid(s.i) != 0
}

func (s *rocksdbScanner) Key() string {
        var length C.size_t
        k := C.rocksdb_iter_key(s.i, &length)
        return C.GoString(k)
}

func (s *rocksdbScanner) Value() []byte {
        var length C.size_t
        v := C.rocksdb_iter_value(s.i, &length)
        return C.GoBytes(unsafe.Pointer(v), C.int(length))
}

func (c *rocksdbCache) NewScanner() Scanner {
        return &rocksdbScanner{C.rocksdb_create_iterator(c.db,
c.ro), false}
}
```

rocksdbScanner 结构体有一个 rocksdb_iterator_t 结构体指针成员，该指针就是 RocksDB 用来遍历自身键值对的，我们只需要一一调用对应的 API 就可以实现所有方法。

节点再平衡功能的 Go 语言实现就介绍完了，接下来让我们看看功能演示。

## 8.4 功能演示

首先让我们启动第一个节点：

```
$ ./server -node 1.1.1.1
```

然后用 cache-benchmark 往里面插入 10 000 个键：

```
$ ./cache-benchmark -type tcp -n 10000 -d 1 -h 1.1.1.1
```

这次只是利用 cache-benchmark 来插入数据，所以忽略它的输出。

现在我们可以用 curl 命令确认该节点的缓存状态：

```
$ curl 1.1.1.1:12345/status
{"Count":10000,"KeySize":38890,"ValueSize":48890
```

接下来，启动节点 1.1.1.2：

```
$ ./server -node 1.1.1.2 -cluster 1.1.1.1

$ curl 1.1.1.2:12345/status
{"Count":0,"KeySize":0,"ValueSize":0}
```

现在，我们可以在 1.1.1.1 上进行节点再平衡，应该有一半、也就是 5000 个左右的键被移到节点 1.1.1.2 上。

```
$ curl 1.1.1.1:12345/rebalance -XPOST

$ curl 1.1.1.1:12345/status
{"Count":5136,"KeySize":19980,"ValueSize":25116}

$ curl 1.1.1.2:12345/status
{"Count":4864,"KeySize":18910,"ValueSize":23774}
```

现在让我们启动第 3 个节点 1.1.1.3 并在前两个节点上分别运行再平衡：

```
$ ./server -node 1.1.1.3 -cluster 1.1.1.2
```

```
$ curl 1.1.1.1:12345/rebalance -XPOST

$ curl 1.1.1.2:12345/rebalance -XPOST
```

再平衡结果如下：

```
$ curl 1.1.1.1:12345/status
{"Count":3095,"KeySize":12043,"ValueSize":15138}

$ curl 1.1.1.2:12345/status
{"Count":3099,"KeySize":12039,"ValueSize":15138}

$ curl 1.1.1.3:12345/status
{"Count":3806,"KeySize":14808,"ValueSize":18614}
```

注意，我们在第 3 章讨论过 RocksDB 的缓存状态会有一个滞后，因为 WAL 还没有被刷新到 SST 中。所以为了能看到实时的状态，我们的 3 个节点都使用了 in memory 缓存，RocksDB 除了缓存状态不能实时反映以外，其他功能都是一样的。

## 8.5 小结

本章我们实现了节点再平衡功能。当集群加入新节点时，管理员可以在老节点上运行再平衡，将缓存容量负载分给新节点一部分。这个步骤并不是必需的，因为遍历键值对也需要花费 CPU 和网络资源，所以如果新加入的节点相比集群总结点数较少，而集群缓存容量并不紧张，管理员可以不运行再平衡。

总的来说，运行再平衡的时机取决于以下几点：

- 新加入的节点数量较多，会导致较大比例的键重新映射到新节点上；
- 老节点缓存容量已经见顶，亟须释放空间；
- 缓存永不超时。

前两点很好理解，通常当缓存集群扩容时，前两点会同时满足。至于第 3 点缓存超时这个概念，我们会在下一章进行讨论。

# 第 9 章

# 缓存生存时间

我们在第 8 章讲到，只有在缓存永不超时的情况下，我们才需要在集群新增节点时进行节点再平衡。如果设置了缓存生存时间（time to live，TTL），管理员就可以选择不进行节点再平衡，因为老节点上的缓存迟早会因为超时而被删除。

本章我们就来讨论缓存生存时间的作用并实现缓存的超时功能。

## 9.1 缓存生存时间的作用

本书的序提到过，缓存是用来提升访问网络资源的速度，而不是为了永久存储这些资源。这些资源存储在另外的位置，只是访问的速度比较慢，不能满足系统的需要。当客户端需要访问这些资源时，它首先去缓存里面查找，如果找不到对应的键，才去资源实际存储的地方获取，然后将其缓存起来，以备下次快速取用。

然而实际存储的资源有可能会在缓存不知情的情况下被更新，所以我们需要一种技术，能够强制要求缓存刷新。缓存生存时间就是这样一种技术，它规定了缓存自从上一次被 Set 之后的有效期。超过这个有效期后，该键值对被认为超时（expired），并从缓存服务中被删除。当客户端下次 Get 时发现找不到键值对，缓存生存时间就能强制客户端再次去实际存储的位置获取。

除了强制客户端刷新缓存以外，缓存的生存时间还可以被用于控制缓存的总量。一般来说，缓存的总量小于资源的实际储量，我们做不到也没必要将所有资源都缓存起来，所以需要实现一个缓存淘汰策略。有了缓存生存时间，我们就可以将较老的缓存清理出去，为新的缓存留出空间，实现一个先进先出的淘汰策略。

缓存生存时间的设置需要根据资源实际的更新速度或者缓存容量决定。

如果我们的主要目的是强制刷新，那么缓存的生存时间可以设置为资源平均更新时间的一半。如果客户端对资源的实时性要求较高，则生存时间还要适当减少。

如果我们的主要目的是限制一定的缓存容量，那么需要限制的空间越小，则生存时间越短。举例来说，假设我们的系统资源总量是 100GB，客户端是随机访问，要求 10%的缓存命中率，那么缓存容量需要保持在资源总量的 10%，也就是 10GB。如果系统的平均吞吐量是 100MB/s，那么生存时间需设置为 100s。

接下来就让我们来看看如何给本书的缓存服务设置生存时间以及如何实现缓存超时的功能。

## 9.2　Go 语言实现

### 9.2.1　main 函数的实现

我们的缓存服务现在需要增加一个新的命令行参数，用来指定缓存的生存时间，默认是 30s，见例 9-1。

**例 9-1　main 函数**

```
func main() {
```

```
        typ := flag.String("type", "inmemory", "cache type")
        ttl := flag.Int("ttl", 30, "cache time to live")
        node := flag.String("node", "127.0.0.1", "node address")
        clus := flag.String("cluster", "", "cluster address")
        flag.Parse()
        log.Println("type is", *typ)
        log.Println("ttl is", *ttl)
        log.Println("node is", *node)
        log.Println("cluster is", *clus)
        c := cache.New(*typ, *ttl)
        n, e := cluster.New(*node, *clus)
        if e != nil {
                panic(e)
        }
        go tcp.New(c, n).Listen()
        http.New(c, n).Listen()
}
```

由于生存时间的类型是整型，所以我们使用 flag.Int 函数创建一个 int 指针 ttl 来保存它的值，ttl 将被作为 cache.New 的第二个参数传入，cache.New 函数实现见 9.2.2 节。

## 9.2.2 cache 包的实现

New 函数会将 ttl 传给实际的创建函数 newInMemoryCache 和 newRocksdbCache，它们分别用于创建 inMemoryCache 和 rocksdbCache 结构体，见例 9-2。

**例 9-2 New 函数**

```
func New(typ string, ttl int) Cache {
        var c Cache
```

```
        if typ == "inmemory" {
                c = newInMemoryCache(ttl)
        }
        if typ == "rocksdb" {
                c = newRocksdbCache(ttl)
        }
        if c == nil {
                panic("unknown cache type " + typ)
        }
        log.Println(typ, "ready to serve")
        return c
}
```

让我们先来看看 inMemoryCache 相关的实现，见例 9-3。

#### 例 9-3　inMemoryCache 结构体

```
type value struct {
        v       []byte
        created time.Time
}

type inMemoryCache struct {
        c     map[string]value
        mutex sync.RWMutex
        Stat
        ttl time.Duration
}
```

inMemoryCache 结构体不仅仅是多了一个 ttl 成员用来记录生存时间，更重要的是，底层 map 的类型发生了变化，原来 c 的类型是 map[string][ ]byte，现在则是 map[string]value。value 结构体有两个成员，v 用来保存实际的值，created 用来保存该值的创建时间，也就是上一次 Set 的时间。

由于底层 map 类型发生了改变，inMemoryCache 结构体的 Set、Get、Del 甚至包括 NewScanner 方法也都要进行相应的改变，这些改动大同小异，我们在书中不一一赘述，只以 Set 方法为例，见例 9-4。

例 9-4　inMemoryCache.Set 方法

```
func (c *inMemoryCache) Set(k string, v []byte) error {
        c.mutex.Lock()
        defer c.mutex.Unlock()
        c.c[k] = value{v, time.Now()}
        c.add(k, v)
        return nil
}
```

Set 方法原来需要将第二个参数 v 放入 map，现在则是将一个 value 结构体放入 map 中。value 结构体的成员 v 来自 Set 方法的参数 v，也就是键值对的值；成员 created 等于 time.Now 函数的结果，也就是调用 Set 方法的当前时间。

Get、Del 和 NewScanner 方法不在书上列印，有兴趣的读者可查阅本书源码。

newInMemoryCache 函数现在接收一个 int 类型参数 ttl，它会被强制类型转换成一个 time.Duration，单位是秒，并作为 inMemoryCache 结构体的字面形式 c 的成员参数赋值给 c.ttl，见例 9-5：

例 9-5　newInMemoryCache 函数的相关实现

```
func newInMemoryCache(ttl int) *inMemoryCache {
        c := &inMemoryCache{make(map[string]value), sync.RWMutex{},
```

```
Stat{}, time.Duration(ttl) * time.Second}
        if ttl > 0 {
                go c.expirer()
        }
        return c
}

func (c *inMemoryCache) expirer() {
        for {
                time.Sleep(c.ttl)
                c.mutex.RLock()
                for k, v := range c.c {
                        c.mutex.RUnlock()
                        if v.created.Add(c.ttl).Before(time.Now()) {
                                c.Del(k)
                        }
                        c.mutex.RLock()
                }
                c.mutex.RUnlock()
        }
}
```

如果整型 ttl 是一个大于 0 的数，我们会在一个新的 goroutine 中运行 c.expirer 方法。该方法会在一个无限循环中运行，每次睡眠 c.ttl 的时间，然后醒来遍历一遍 c.c，如果发现 value 的创建时间加上 c.ttl 之后依然小于当前时间，那就说明该键值对已经超时，我们就调用 c 的 Del 方法将其从 map 中删除。

由于 RocksDB 本身支持 ttl，所以 rocksdbCache 的实现比 inMemoryCache 的要简单很多，只需要在 newRocksdbCache 函数中改动一个地方，见例 9-6。

例 9-6　newRocksdbCache 函数

```
func newRocksdbCache(ttl int) *rocksdbCache {
        options := C.rocksdb_options_create()
        C.rocksdb_options_increase_parallelism(options, C.int
(runtime.NumCPU()))
        C.rocksdb_options_set_create_if_missing(options, 1)
        var e *C.char
        db := C.rocksdb_open_with_ttl(options, C.CString("/mnt/
rocksdb"), C.int(ttl), &e)
        if e != nil {
                panic(C.GoString(e))
        }
        C.rocksdb_options_destroy(options)
        c := make(chan *pair, 5000)
        wo := C.rocksdb_writeoptions_create()
        go write_func(db, c, wo)
        return &rocksdbCache{db, C.rocksdb_readoptions_create(), wo, e, c}
}
```

原先我们使用 rocksdb_open 函数打开 RocksDB。现在，我们使用 rocksdb_open_with_ttl 函数，将 ttl 作为第 3 个参数传入，RocksDB 就会自动帮我们管理好缓存的生存时间。

缓存生存时间的 Go 语言实现介绍完了，接下来让我们看看功能演示。

## 9.3　功能演示

首先让我们启动节点：

```
$ ./server
```

由于我们没有提供任何命令行参数，所以 ttl 参数使用默认值 30s。

接下来我们用 curl 命令 Set 和 Get 一个键，并查看缓存状态：

```
$ curl 127.0.0.1:12345/cache/a -XPUT -daa

$ curl 127.0.0.1:12345/cache/a
aa

$ curl 127.0.0.1:12345/status
{"Count":1,"KeySize":1,"ValueSize":2}
```

等待 30s 后再次查看缓存状态并尝试 Get 这个键：

```
$ curl 127.0.0.1:12345/status
{"Count":0,"KeySize":0,"ValueSize":0}

$ curl 127.0.0.1:12345/cache/a -v
*   Trying 127.0.0.1...
* Connected to 127.0.0.1 (127.0.0.1) port 12345 (#0)
> GET /cache/a HTTP/1.1
> Host: 127.0.0.1:12345
> User-Agent: curl/7.47.0
> Accept: */*
>
< HTTP/1.1 404 Not Found
< Date: Thu, 15 Mar 2018 14:40:09 GMT
< Content-Length: 0
< Content-Type: text/plain; charset=utf-8
<
* Connection #0 to host 127.0.0.1 left intact
```

该键已超时。

## 9.4 小结

本章我们介绍了缓存的生存时间以及超时的实现方式。RocksDB 自己支持 ttl 管理，只需要使用专门的 API 打开 RocksDB 即可。in memory 的缓存则需要我们自己实现，实现的方式是在一个 goroutine 中持续遍历 map，将超时的键值对删除。

这样的实现是先进先出（First In First Out，FIFO）的缓存淘汰策略，因为最早被 Set 的键值对也是最先超时的。但是请注意，先进先出并不是唯一的缓存淘汰策略。如果我们让每次 Get 也去更新缓存时间，那么等于实现了一个最近最少使用策略（Least Recently Used，LRU）。如果我们不用时间而用计数器，在每次 Get 时都让相应键值对上的计数器加 1，那么可以实现一个最少使用频率策略（Least Frequently Used，LFU）。有兴趣的读者可以试着自行实现这两种缓存淘汰策略。

本书的内容到此就全部结束了，最后还要提一句，缓存并不是能解决一切性能问题的灵丹妙药。缓存可以在一定程度上提高资源获取的速度，但这样的速度增长不是无限的。实际资源总量越大，则缓存失效的概率越高。实际资源获取的速度越快，则缓存的边界效应越低。遇到性能问题时，终究还是要具体情况具体分析。